1分鐘掌握！ 人際關係學大師卡内基的思考法

➡ 前往第 2 章

推動他人行動的方法

◯ 附和對方

✕ 展現自我

➡ 前往第 3 章

觸動人心的說話術

◯ 延伸日常對話

✕ 演說術

➡ 前往第 4 章

消除壓力的方法

◯ 活在今天的方格中

✕ 思考未來

➡ 前往第 5 章

領導論

◯ 感謝下屬

✕ 命令下屬

思考主軸

人生是否成功，取決於「人際關係」。

"Win Friends"：友誼是能夠贏取的。

◯ 以對方為中心

✕ 以自我為中心

影響

〈冷靜而透徹的人性觀點〉

① 無論是誰，都只關心自己。

② 無論是誰，都認為自己是正確的。

③ 即使與他人爭辯，也沒有任何好處。

④ 總是喜歡上對自己有好感的人。

➡ 前往第 1 章

一看就懂！

圖解

1小時讀懂卡內基

荒木創造 著

吳亭儀 譯

図解 カーネギー早わかり

推薦

活出卡內基

戴爾・卡內基是美國密蘇里州一個窮苦農村的小孩。每天要走很遠的路上學。他還記得因爲個子越長越高，但褲子還是幾年前的，褲管縮到小腿上，常讓他在同學面前覺得不自在。

一九一二年一月二十二日，卡內基在紐約的基督教青年會，開始了人類有史以來第一個溝通人際關係的訓練。他可能作夢也沒想到，一百年後，這個訓練在世界各地，幫助了近千萬人增強自信，改進溝通能力，學習如何獲得更多的支持與友誼，怎樣克服憂慮與壓力，以及提升領導能力。

很少人知道卡內基原本最想當一位作家。他對寫作具有濃厚的興趣。因而到了一九三六年，他將歷年來在訓練過程中收集到的故事，特別是那些有關溝通人際關係方面的故事，以他特有的寫作風格，寫下了《如何贏取友誼與影響他人》（*How To Win Friends and Influence People*），在台灣書名為《卡內基溝通與人際關係》。結果這本書立即暢銷。曾名列《紐約時報》暢銷排行榜十年。他也成了世界知名人物。

這本書列出了很具體的改善人際關係的方法。例如，要避免批評、責備、抱怨。否則別人一定會討厭我們，拒絕合作。書中也有很多案例，證明人常常需要肯定、讚美、感謝、激勵。但一定要是眞誠的，由衷的。

令人驚訝的是，世界上有這麼多人關注自己的人緣好不好，表達與聆聽能力如何。更重要的是，在這些方面得到改進後，對他們的工作、生活品質、家庭帶來了這麼大的影響。巴菲特就多次說過，卡內基訓練改變了他的一生。艾科卡在《反敗為勝》書中，也詳述自己以前個性內向、害羞，經過卡內基的幫助，在溝通能力方面突飛猛進，成為傑出領導人。

到了一九四八年，卡內基的另一本新書問世了——《如何停止憂慮．開創人生》（*How to Stop Worrying and Start Living*）。

學習如何克服憂慮，也是卡內基訓練內容的一部分。原來人常常擔心、焦慮、緊張、恐懼。如能學會如何控制，甚至只是降低這方面的煩惱該多好。有醫生曾聲稱，如果人都會控制憂慮，醫院的人數會減少一半。

很明顯的，具備了激勵他人的能力，會積極聆聽與溝通，常常能保持鎮定與信心的人，自然而然地會成為一位領導人，或會發揮影響力的人。

有人說性格會影響命運。

卡內基倡導的自信、溝通、關懷他人、克服憂慮，就是要培養一種好性格。有了這樣的性格，我們才會越來越快樂，越來越成功。

華文卡內基訓練創辦人　黑幼龍

專為忙碌上班族設計的知識性入門導讀書

1小時讀懂人際關係學大師卡內基著作精髓

◎ 讓你變身為傑出的商業人士！

「最近常聽到有人在談論○○，那到底是什麼？」如果有人這樣問，你是否能立即簡單明瞭地說明？這就是「傑出者」和其他人之間的巨大差異。閱讀《一看就懂！圖解1小時讀懂卡內基》，你就能明快地為他人說明卡內基著作的精髓。

◎ 因為沒時間，希望能在一小時之內搞懂！

「雖然想充實自己，但是抽不出時間學習。」本書內容以一小時讀懂為目標構成。只要利用通勤、午休、移動、睡前的零碎時間，就能輕鬆讀懂。即使是完全不熟悉的主題，也能在一小時之後確實掌握該主題的核心基礎。

◎ 只需快速翻閱圖片，所以只要一小時！

需要花費一分鐘理解的文字訊息，化為圖片後只要一秒就能理解。而且，圖片能夠透過視覺將情報全面性地輸入腦中，讓你確實記住所有情報。

◎ 只需閱讀關鍵重點，所以只要一小時！

「不需要鉅細靡遺，只要確實掌握重點。」為了滿足這個需求，嚴選「一小時就能讀懂的關鍵重點」。只要確實記住書中提到的重點，就能簡單地向他人說明該主題的內容。

前言

全球熱賣兩千萬冊的暢銷作家

只要是商業人士，應該都聽過戴爾・卡內基（Dale Carnegie）的大名。他的全名是戴爾・布雷肯里奇・卡內基（Dale Breckenridge Carnegie），一八八八年生於美國，卒於一九五五年。

他是世界公認「自我啓發書籍的第一人」，不僅在美國，甚至在全世界都相當具有代表性。

卡內基的代表作《卡內基溝通與人際關係：如何贏取友誼與影響他人》（*How to Win Friends and Influence People*），內容闡述商場上人際關係的重要性，是一本在全球熱賣超過一千五百萬冊的暢銷書，該書更在卡內基去世之後成為歷久不衰的傳世經典。

除此之外，教導人們如何擺脫煩惱的另一部著作《如何停止憂慮・開創人生》（*How to Stop Worrying and Start Living*）也被世人廣泛傳誦，在全球創下累銷兩千萬冊的驚人紀錄。

卡內基學說並不艱深

然而，不知道是因為書籍年代太久遠，還是翻譯書的關係，和這股購買熱潮正好相反的是，許多人對卡內基的書有著「困難」、「不好消化」的印象。

在我的生活周遭，也有許多年輕讀者反應：「雖是社會人士的必讀書，卻因為難以閱讀而把書擱置在一旁。」或是「書籍太厚重，想挑戰卻總是無法集中精神。」等。

但是我要告訴各位，這是極大的誤解。

卡內基闡述的學問並不會因時代演變而變得陳腐，反而是身處現在的我們都能理解並接受的。雖然卡內基出書的時代背景大約距今八十年前，正值美國經濟大恐慌時期，然而無論是當時的時空背景，或是卡內基所導出的教誨，都能完全套用在現今的社會。同時，書中亦提供相當豐富的事例，讓讀者也能參考這些事例學習，並實踐於自身的商務現場。此外，在現今的商業世界，有一些被視為「理所當然」，甚至已經成為前提的觀念，都是因為卡內基的著作才得以廣為流傳。

例如，對現今的商業人士來說，任何人都會同意「人脈是成功的基石」，然而最先提倡「人際關係是商業本質」這個觀念的人，就是卡內基。

開辦英語教室後，才了解卡內基的「實用性」

我閱讀的第一本卡內基著作，是《卡內基溝通與人際關係：如何贏取友誼與影響他人》。

當時的我（二十歲左右）開始熱衷學習英文，所以一拿起英文書，就是一冊接著一冊讀，我還記得讀到這本書時，有一種特別容易閱讀的感覺。

從那之後，我便熱衷於閱讀卡內基的原文書籍，甚至在自己開辦的英語教室中教導社會人士時，我也把卡內基說過的話拿來當作教材。之後，學生們都對卡內基產生了強烈的興趣，很快地，開始有學生反應希望以卡內基的部分書籍內容做為課程教材。

我想，這是因為許多商業人士超越了學習英文的框架，強烈地感受到卡內基述說的內容有多實用的關係。從那個時候開始，每當學生是社會人士或主婦時，我就會拿卡內基書籍的部分內容做為英文教材。

本書的構成

本書將卡內基著作的精華要點凝聚為一冊。第一章介紹卡內基實際的一面，就某個意義上來說，他對人性抱持著冷靜而透徹的觀點，這也是卡內基全著作的基礎。

第二章開始，以卡內基的代表作《卡內基溝通與人際關係：如何贏取友誼與影響他人》為中心，具體說明「推動他人行動」的方法。第三章主要提到卡內基的「說話術」；第四章以深受許多經營者愛戴的著作《如何停止憂慮．開創人生》為中心，解說「面對並處理煩惱的方法」。在最後的第五章中，將整理卡內基在許多著作中提到過的「領導論」。

請各位務必將本書視為全面掌握卡內基思考方式的入門書來活用，若本書能在您的人生中派上用場，將是我莫大的榮幸。

目錄

第2章

卡內基式——推動他人行動的方法

第3章 卡內基式——觸動人心的說話術

第4章 卡內基式——消除煩惱與壓力的方法

※ 本書是筆者閱讀卡內基的原文著作後思考整理而成（文中使用到的原文翻譯也出自筆者）。為了讓讀者更容易進入並理解卡內基的思考方式，書中並未逐字逐句依照卡內基著作書寫，而是寫出其所述之「涵義」。因此，請各位理解本書內容僅止於「意譯」。書中因文字表達限制的關係，採取「卡內基說……」這樣的表達方式，然而請理解「卡內基所說的意思是……」才是較精確的說法。

第 1 章

第一個闡述商場上「人際關係」重要性的人

全球暢銷作家戴爾．卡內基，他的成功哲學，
其根本為「事業的成功取決於人際關係」。
卡內基認為「友誼是贏來的」，
這個想法是基於他對人性透徹的觀察，更成為他的著作名稱。

1 夢想並非靠辛勤揮汗就能達成

■ 經營「人際關係」才能抓住成功

如果想在事業上抓住夢想，任誰一開始都有過這樣的想法：「不努力工作不行，總之好好加油吧！」或是「果然還是要有好點子才行。」

但是，卡內基並不這麼認為。**卡內基認為，若要在事業上取得成功，最重要的是人際關係的經營**。

他的父親在美國密蘇里州經營一家農場。父親一年三百六十五天、一天十六個小時都在工作。即使如此，仍然背負一身債務，過著貧困的生活。

卡內基年輕時，曾經從事推銷卡車的工作。他每天工作到筋疲力盡，住在狹小骯髒的公寓裡、吃著難吃的食物，卻無法逃離這樣的生活。當時，他並沒有想著：「只要繼續努力，等有一天我出運了，就有可能抓住夢想……」而是下定決心：「一定要改變目前的生活方式，停止做討厭的工作。」比起賺錢，他更希望豐富自己的人生，因此他決心運用在大學學到的演說技巧（在眾人面前說話的技術）維生。

從此以後，他開啓了新的人生，成為我們熟知的「自我啓發之神」戴爾·卡內基。

沒有什麼比朋友更重要

卡內基在剛滿二十歲時，就知道人際關係是影響事業成功重要的一環。

然而，他所謂的人際關係是什麼呢？是中國人或韓國人重視的家族血緣的羈絆嗎？還是傳統日本人重視的組織之間的人際關係？其實這些都不是正確答案。

他認為要在事業上成功並且實現夢想，最重要的是必須擁有許多朋友。

要像美國人那樣，**可以輕鬆地以名字相稱的朋友**，不只在工作上交流，連**家庭、興趣、休假時都做些什麼這樣的話題，都可以輕易問出口，成為閒聊的話題**，卡內基認為擁有這樣的朋友相當重要。對我們來說，大概就像是「同伴」那樣的存在。

友誼是可以「贏得」的

對卡內基來說，朋友不是什麼都不做就能擁有，而是必須努力贏取（win）。就如同他相當暢銷的第一本書，書名當中提到的「How to Win Friends」一樣。

他的後續著作中，為了講述如何贏得上述所說的那種朋友，從各式各樣的方法和角度去書寫，說他花了著作中大部分的篇幅來敘述如何贏取友誼也不為過。

知識一點通

每當被問到卡內基是怎樣的一個人、他的魅力是什麼時，我總是回答：「他就像美國的鄉間農舍，溫暖又帶一點土味。」他不是那種學院派的老學究，也並非充滿都會氣息的菁英。他是重視實用性的實踐家，是夢想抓住成功、天性樸實的美國人。

若要在事業上取得成功

◯ 卡內基的想法

人際關係才是
通往夢想的捷徑。

✕ 一般人的想法

一生懸命，
努力工作！

POINT

卡內基認為，為了取得事業上的成功，「朋友」是最重要的因素。

「笑容」是贏取友誼的必要利器

根據卡內基的說法，贏取友誼最重要的第一關鍵，取決於你與對方初次見面時所展露的笑容。

卡內基認為：**「你的笑容比起說出口的話語重要百倍。嘴上說一百句話，也比不上一個笑容。笑容不僅能向對方展現你對他的好感，更能以實際行動向對方證明，這場會面對你來說是一件多麼幸福的事。」**

只要是想在事業上取得成功、抓住夢想的人，都擁有一個可以在轉瞬間將自己內在的愛、光明與誠實展露給對方的工具，那就是如同鑽石般耀眼的笑容。

成功者深知「名字」的力量

除了討人喜歡的笑容外，卡內基認為叫出他人名字，也隱藏著強大力量。

關鍵字：笑容＝SMILE

卡內基認為「笑容」比什麼都重要。他所謂的笑容，也就是「SMILE」，就像美國人經常讓人看到的，露出牙齒的燦爛微笑。
在英文裡，笑的方式除了 SMILE，還有 LAUGH。「LAUGH」不是剛剛所說的微笑，而是發出笑聲的大笑。人們雖然會在開心的時候大笑（LAUGH），但也會在看不起人的時候大笑。

卡內基說：**「名字對任何人而言，都是最悅耳的語音。」**事業成功的人都發現這一道理，並且善加利用。

綜觀活躍於政界的人物，就有一個天才可以叫出幾萬名群眾的名字，甚至能做到詢問他們家人的事以及平常的興趣等，與群眾進行各式各樣的對話（編注）。

為兔子取個名，就會讓人想要照養牠

提到隱藏在名字裡的神祕力量，卡內基舉的便是世界鋼鐵大王安德魯・卡內基（Andrew Carnegie, 1835～1919）的例子。

安德魯・卡內基在孩提時期就了解到名字裡隱藏的力量，當他飼養的兔子繁殖到一人之力無法妥善照顧時，他就為每隻兔子以朋友的名字命名。如此一來，朋友就變得樂於照顧那隻被取為自身名字的兔子。

安德魯・卡內基後來成為一位大企業家，每當他要併購其他公司，對方卻難以說

知識一點通

戴爾・卡內基和以世界鋼鐵大王稱號聞名的安德魯・卡內基並無血緣關係。然而，在戴爾・卡內基的著作中，卻經常出現這個同姓氏的知名人士。

服時，他就會向對方提案，承諾讓新公司取名為對方老闆的名字。如此一來，許多難以說服的對手，都會開心地同意併購事宜。

名字並不只是一個單純的符號。就像新生兒誕生時，父母以及家族親戚總會將願望以及期許寄託在名字當中，慎重考慮過後才為孩子取名。每個人的名字裡，皆承載著父母與祖先所重視的，其家族一脈相傳的靈魂。

同時，姓氏當中也蘊含了從祖先開始，代代相傳的家族傳統及認同。我想，當卡內基提到名字裡隱藏的神祕力量時，指的就是這樣的力量。

編注——卡內基在書中指的是美國民主黨全國委員會主席、美國郵政局局長吉姆・法利（James A Farley, 1888～1976）。

2 卡內基對合理人性的四個觀點

第一個觀點：無論是誰，都只關心自己

卡內基曾說過，人際關係是事業成功、實現夢想的重要關鍵，然而在他的想法深處，隱藏著對現實人性的透徹觀察。他對人性有著非常合理的觀點，那就是「無論是誰，都只關心自己」。

對我們來說，戰爭犧牲了多少人、景氣衰退使多少人失業、認識的人誰又離了

關鍵字：It's up to you.

美國人說這句話的同時，即代表「自己是自己，別人是別人」的想法。當朋友親切地提出建言，例如：「如果你正在求職，可以去跟那個人見面談談。最好把握時間喔！」當他親切地說完後又會補上這麼一句：「不過，一切取決於你。（**It's up to you.**）」

婚，這些事都沒有什麼不同。還不如自己得了花粉症、新買的領帶適不適合、在網路上認識的女性是否喜歡自己……這些事情更重要。跟在自己身上發生的微小事物相比，人們對於自身以外的人事物，可說是漠不關心。

理解到這一點，卡內基從不認為「或許別人是這樣，但我可不同」。他主張無論是他自己、他的讀者、上班族，還是在公園裡散心的人，所有人都只對自己有興趣，只為自己付出關心。

他用抽離自我的目光公平地審視自己，這種冷然而透徹的現實主義，正是他所有思想的基礎。

第二個觀點：無論是誰，都認為自己是正確的

卡內基的不朽名著《卡內基溝通與人際關係：如何贏取友誼與影響他人》一書，由追捕殺警惡人克勞利揭幕，這樣的開頭在自我啓發類的書籍中是相當罕見的。

卡内基的四個人性觀

1 無論是誰，
都只關心自己。

2 無論是誰，
都認為自己是正確的。

3 即使與他人爭辯，
也沒有任何好處。

4 總是喜歡上
對自己有好感的人。

POINT

卡内基冷靜而現實的人性觀，
成為卡内基成功哲學的基礎。

當然，卡內基寫的並不是犯罪小說。

卡內基以克勞利的故事作為開頭，用意在告訴讀者一個驚人的事實。那就是即便是像克勞利這樣的大惡人，都相信自己是一個正直善良的好人。

他更舉美國的黑幫老大卡彭為例，他也和克勞利一樣，打從心底相信自己是正直善良的。

像他們這樣罪大惡極的人都這樣想，更不要說**我們這樣的普通人**，生平不會做出被警方追捕的惡事，**從來不認為自己有什麼不對，也打從心底相信自己既善良又正直**。

雖說如此，我們也並不會認為自己是無可匹敵的至善之人，或是正義的化身。

在我們當中，也包含那些會盜領公款、性騷擾或毫無誠信的人，但也甚少有人認為自己卑劣邪惡，更沒有人認為自己是不對的，過著錯誤的人生。

另外，也幾乎不會有人認為自己是怪異的。大部分的人都相信自己是正經的。

這就是卡內基在面對人性時的第二個基本信念。而這個信念將會引導我們進行接下來的思考。

第三個觀點：即使與他人爭辯，也沒有任何好處

卡內基認為：「**用『你錯了』來責備對方，是沒有任何意義的**。因為沒有人會覺得自己有錯。即使他人對自己說你錯了，也沒有人會因此認知到自己的錯誤而做出改變。」

去責備一個人哪裡哪裡做錯了，結果也只是在浪費自己的時間跟精力。

卡內基這樣的想法，在各種意義上來說都相當不可思議。因為不管怎麼解讀，卡內基都是在告訴我們，即使對方有錯，也不要跟對方說「你錯了」，不需要去責怪對方。

這不只和一般人的常識和道德觀相違背，也和我們對美國人和美國文化的認知，有相當大的一段差距。

為了導正弊端、貫徹信念，不顧利益得失是很重要的，我們不都是這樣被教導的嗎？

但卡內基似乎認為，這樣的正義感在某種程度上來說相當幼稚。

在卡內基的想法裡，因正義感去責備他人，並在那麼做的當下覺得很痛快，但如果因此被對方討厭而失去一個朋友，那就得不償失了。因此，與其自我滿足於這種正義感，掌握他人的情感才是更重要的事。

對於生性冷靜，徹底追求合理性的卡內基來說，要在事業中取得成功，朋友就是這麼重要的存在。

第四個觀點：總是喜歡上對自己有好感的人

認為朋友至關重要的卡內基於是開始思考，自己要受什麼樣的人歡迎，要成為什麼人的朋友？反過來想，我們到底會喜歡什麼樣的人，喜歡到讓我們把那個人視為朋友？

針對這個問題，卡內基的結論非常簡單。那就是：**「無論是誰，都喜歡對自己抱**

持好感的人。」

正是如此。只要考慮到「所有人都只關心自己」這一點，自然而然就會得出這樣的結論。

我們很容易喜歡上對自己示好的人，換句話說，我們很自然地會喜歡上那些對自己釋放出好感、認為自己很重要的人。

因此，無論是讓人感到友善的笑容，還是直呼對方的名字、跟對方談論他的家庭、喜歡的運動……這所有的一切，都變得至關重要。

得出這個簡單易懂的結論後，卡內基對於這種為了搏取好感而釋出的好感訊號感到興趣，並開始有了各種不同形式的獨特見解。

3 讓人覺得他很重要

■「被重視的感覺」是什麼意思？

提到人類的基本欲求，卡內基舉例：**①健康與生存、②食物、③睡眠、④金錢與金錢可購買的東西、⑤未來生活的保障、⑥性滿足、⑦兒女的幸福，最後他額外追加「被重視的感覺」（feeling of importance）**，並說明這是最難達成的一項欲求。

卡內基認為「被重視的感覺」這項欲求，也是人類最強烈的追求。

由於人們想要滿足這項欲求，同時，也因為這項欲求非常難以滿足，我們強烈渴求他人的認同，並且只要他人讚美自己，就會有很大的幸福感。

不僅如此，只要能滿足「被重視的感覺」這項欲求，就等於握住了通往成功的其中一把鑰匙。

你身邊的所有人，也都強烈渴望「被重視的感覺」。你要做的，就是滿足這份存在於他們心底深處的「希望感覺自己重要」的欲求。只要能做到這點，就等於踏出通往成功的一大步。

這一點，無論是卡內基時代或是現在，都沒有任何差別。

卡內基甚至寫下「這麼一來，你就能將別人掌握在手中」這樣的一段話。

人類走出洞穴生活的理由

所謂「被重視的感覺」，也就是希望自己是重要的此一欲求，對人類來說，毫無疑問是一種非常強烈的、本質上的渴望。任何人只要回頭審視自己，或是觀察周遭的人，都能夠察覺到這一點。

「如果我們的祖先沒有這種『希望具有重要性』的渴望，就不會有現今的文明。」卡內基說。

如果，我們只要有吃有睡有性生活，並且身體健康就能滿足的話，可以想像即使到了今天，人類可能都還過著與其他動物並無二致的生活。

如果人類只要能賺錢購物、擁有所有想要的東西就能滿足的話，今日所享受的藝術、學問與運動等文化也不會誕生。如果只有物質生活，那必然是索然無味的苦悶生活吧。

卡內基並不認為那是成功的人生。

在他年輕時，他擺脫追求金錢的生活，選擇尋求自我價值，開始教導演說技巧的人生。他會做這樣的決定，也是因為對自己有所自覺，他知道有一股渴望肯定自己的心情潛藏在內心之中。

「被重視的感覺」是什麼意思？

動物的生存需求

人類的基本欲求

健康
食物
睡眠
金錢
性滿足
etc.

＋

人類才有的欲求

FEELING OF IMPORTANCE

＝

人之所以為人的證明

POINT

卡內基認為去滿足對方
「我是重要的人」的心情，是相當重要的。

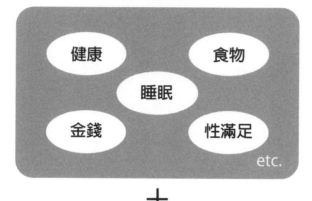

然後，他發現到自己奮鬥至今的原因，就是為了滿足「被重視的感覺」的欲求。

你在做什麼的時候會覺得「自己是重要的人」？

這個欲求會促使我們去做各式各樣的事。

假使我們追逐流行，為了滿足這個欲求，我們可能會去開豪華轎車，或是買入幾乎派不上用場的別墅。

一個在雜貨店一隅自學法律、名為林肯（Abraham Lincoln, 1809～1865）的貧困少年後來成為了偉大的總統；一名加入暴走族的貧困少年，後來成了被警方鎖定的頭號罪犯（編注1）；一名日本的年輕企業家向居住於日本東北、遭受海嘯與核災肆虐的受災戶捐款數十億；失明的黑人少年努力成為名歌手（編注2）；貝比・魯斯（Babe Ruth, 1895～1948）靠著不斷努力，成為打出六十支全壘打的傳奇棒球選手……根據卡內基的解釋，這些人能達到這樣的成就，都是因為內心燃燒著「被重視的感覺」的欲求，希望自己是一個重要的人物。

「如果你告訴我，你是如何滿足這種『具有重要性』的需要，我就可以告訴你，你是一個什麼樣的人。」卡內基說。

那麼，什麼樣的事情會讓你覺得自己很重要呢？

在公司出人頭地？

靠自己創業並取得成功？

活躍於藝術相關領域？

成為志工或是加入政界，對社會貢獻一己之力？

還是交很多朋友，成為一個交遊廣闊的人氣王？

或者，受異性歡迎、成為被傾慕的對象？

根據你的答案，就可以漸漸了解你是一個什麼樣的人。

造成不滿、悲傷、離婚的真正原因

如果不去滿足這個追尋自我價值的強烈欲求，我們會變得如何？

卡內基對這個負面的部分也相當感興趣。在《卡內基溝通與人際關係：如何贏取友誼與影響他人》一書中，卡內基相當詳細地寫道：「根據個人狀況，甚至會出現精神失常的症狀。」

他認為這類精神失常的根本原因，是希望藉此得到家人和朋友的同情與注目，來滿足對於「被重視的感覺」的欲求。

現代社會也有這個現象，例如經常發生的割腕等自殘行為，只要把割腕視為人們為了滿足「被重視的感覺」的欲求而產生的行為，也就不難理解了。

另外，婚姻破裂也是同樣的例子。卡內基認為，導致婚姻破裂的原因，無論直接或間接，大多是因為「被重視的感覺」這個欲求沒有被滿足。

丈夫沒有發現苦悶的妻子感覺不受重視，從不試圖去理解妻子的心；相反地，妻

知識一點通

「被重視的感覺」的欲求未被滿足的妻子，是小說和電影中特別喜歡描繪的主題。在婚姻中，生活無虞卻感到不受重視的妻子，不由自主地追求起無意義的戀情，踏上通往不幸的道路。這樣的角色一直以來不斷出現在小說、電影以及連續劇中，成為故事中的女主角。

子也持續無視丈夫空虛的心。

其實不需要卡內基指出這些問題，一直以來，我們周遭早就充斥著這樣的夫妻。不只如此，感情好的戀人突然分開，要好的朋友突然不再聚首，導致人際關係破碎的原因，經常都是因為人們想要受到重視的欲求未被滿足，並且遭到長期忽視的關係所致。

那麼要怎麼做，才能簡單又有效率地滿足這項需求呢？卡內基對此亦有具體的分享與說明，在接下來的章節裡將為各位一一說明。

編注1——此處指的是美國銀行搶匪和黑幫份子約翰・迪林傑（John Herbert Dillinger, 1903～1934）。

編注2——此處指的是美國盲人歌手史提夫・汪達（Stevie Wonder）。

4
「聆聽」他人說話比想像中更具強大力量

友人跟林肯總統談心時做了什麼？

在《卡內基溝通與人際關係：如何贏取友誼與影響他人》一書中，卡內基寫下許多令人訝異的故事，接下來的這個故事也是其中之一。

美國南北戰爭期間，林肯的一位故友收到一封來自總統的信，信中邀請他前往華盛頓一敘。故友一抵達白宮，林肯便拉著他談論關於解放奴隸的複雜問題，當時林肯正為了這個問題相當苦惱。

各位認為故友會怎麼做呢？是向總統提出各式各樣的問題？還是說出自己對事情的想法？

事實上兩者皆非。總統一邊談論，一邊給他看相關的新聞報導和信件，而他只是默默地聽，長達好幾個小時之久。

像這樣，**只要有人願意以溫和的態度默默聆聽，自己也能藉由傾訴，好好整理矛盾內心產生的雜亂思考，同時療癒疲憊的心**。很多時候，就只是這樣而已。心理諮商的作用正是如此，酒吧裡媽媽桑做的事也大多如此。

另外，在醫院、學校和百貨公司等場所，經常會出現愛抱怨的病人、怪獸家長和奧客，這類型的人也一樣，他們真正需要的，大多也只是一個願意聽完他的話的人。

因為聽對方說話這個行為，能夠滿足對方想要被重視的需求。

跟這種人打交道時，不管你有多少話想講，就像卡內基在書中提到過的毛料供應商一樣，你必須自覺到把這些話說出口是「bad policy」（下策），**重要的是閉緊嘴**

巴，耐心聽完對方說的話。

人們會給願意傾聽自己的人較高的評價

卡內基參加某個派對時，曾經與一個偶然同桌的女士說話，但那位女士始終沒給卡內基說話的機會，只是非常開心地說著自己的事情。

當然，卡內基和這位女士說話的經驗，很多人都有過。

卡內基寫道：「她並非與眾不同，像她這樣的人很多。」

後來，卡內基在晚宴上認識一位有名的植物學家，雙方開始交談後，植物學家就熱心地和卡內基聊起植物學，直至深夜。不僅如此，植物學家離開時，還四處誇讚卡內基，甚至說他是「最有趣的談話高手」。

事實上，在他們的談話當中，卡內基幾乎沒說半句話。因為聽著自己不了解的事情聽得很開心，所以植物學家說話時，卡內基從頭到尾只是靜靜聆聽而已。

在事業上獲得「朋友」的必要技能 ①
傾聽力

○ 熱心聆聽的人＝值得信賴的人

× 熱心說話的人＝平庸之人

POINT

雖然卡內基是說話專家，但是為了讓事業成功，擅於「聆聽」也是相當重要的。

「我不過是一個好聽眾。」卡內基說。

對於正在說話的人來說，最大的快樂，莫過於有人專注地聆聽自己的話。因為沒有比這件事，更能滿足潛藏在心中那個想要被人重視的需求了。

卡內基在兩個派對當中聽人說話，讓對方感到開心，並從兩人身上取得極高的評價。那麼卡內基又是如何評價這兩個人呢？

就文字上的感覺來說，卡內基不只沒有給兩人高度評價，甚至給人感覺他認為這兩人皆是平庸無聊之人。

但是，不自覺地想要在他人面前誇耀自己、讓別人留下深刻印象，所以不聽對方、自顧自地說著……大部分的人不都是如此？然而說得愈多，評價就愈低。

職場正是「傾聽力」的修煉場

卡內基為商務人士開設了一個說話教室，指導商務人士如何有效地在人前「說

話」。然而在商場中，比起開口說話，如何「傾聽」是更重要的課題，卡內基對此也深感興趣。

他在自己的第一本書《卡內基溝通與人際關係：如何贏取友誼與影響他人》中，詳細地敘述了查爾斯．舒瓦伯（Charles Schwab, 1862～1939）的故事。

舒瓦伯曾說「我的笑容價值百萬美元」，當時他甚至未滿三十八歲，美國鋼鐵公司便願意以一百萬美元的年薪聘請他。

各位可能以為這是因為他持有厲害的專利，或是具備鋼鐵技術相關的豐富知識，但事實完全不是那麼一回事。

美國鋼鐵公司之所以願意付出那麼高的薪水，只因為他具備卓越的管理能力。

那麼，舒瓦伯的員工管理術究竟是什麼樣的方法？一**言以蔽之，就是在員工表達諸多不滿和想要大吐苦水時「傾聽」**。

例如，對於不遵守工廠規則的員工，他不會用權威斥責，也不會用高高在上的態度警告、訓誡員工。

知識一點通

現今存在著一種不同於諮詢師、「靠聆聽來賺錢」的工作。接聽電話時，只需適時給予對方「嗯、嗯」或「對啊沒錯」等回覆就好。根據業者敘述，接聽者不被允許向對方提出各種問題。若問打來的顧客都是些什麼樣的人時，聽說是跟醫師一樣，在工作上盡心盡力的人。

他會詢問員工不遵守規則的原因是什麼？遵守規則是否有什麼不方便之處？或是員工是否感覺不到這個規則的重要性，所以認為不需要特地去遵守？他會默默傾聽，直到員工說完他們想說的話。

舒瓦伯發揮難得的傾聽力，促使員工更有效率地完成任務，對公司的高效運作有著巨大貢獻。

卡內基的教導也能運用在育兒上

「媽媽是真的愛我，因為只要我想跟媽媽說話，不管媽媽在做什麼，她都會停下來認眞聽我說。」

卡內基引用的，是居住在紐約的一位母親和兒子之間的談話。

卡內基指出，不管是夫婦之間還是家族之間，很少有人願意眞正靜下來傾聽其他人想說什麼。朋友之間也是一樣，在一段交談當中，幾乎沒有讓你把所有想說的話說完，同時其他人靜靜聽完的機會。

不管是卡內基的時代還是現代，不都是一樣的嗎？事實上，現代人相處甚至連一段真心交流的對話都很少見。

卡內基指出：「與其聽別人說話，人們更熱衷於表達。事實上，人們對他人的話幾乎充耳不聞。」

所有人都沉浸於主張自我，我們漸漸失去人與人之間的關心，以及人與人之間微小動人的愛。

因此，卡內基的教誨在教養以及人際關係方面，也有其應用的價值。

5 你能「站在對方的立場」嗎？

否定對方的錯誤是愚蠢的行為

當你覺得對方的想法、做法和提案有誤，並且覺得這麼做不太好的時候，你會怎麼做呢？會在當下否定對方嗎？事實上，這麼做的人相當多。

卡內基認為這種面對他人的態度是相當愚蠢的行為。

「在否定他人之前，先去理解那個人為什麼這麼想，為什麼這麼做，你必須打從

心底站在對方立場，盡全力去理解他。這麼一來，不論是那個人的思考方式或性格，你都能漸漸有所掌握。」卡內基這麼說。

正如卡內基所指出的，如果你想將人際關係經營得有聲有色，不管對方說的話和採取的行動多麼違背你的看法，你都不應該採取無視或否定的態度，而是必須讓自己站在對方的立場上，認真去思考「我如果處在這個人的立場，我會怎麼做？」來試圖理解對方。事實上，要經營好人際關係，沒有比換位思考更重要的事了。

首先，你可以從和業務夥伴之間的往來開始做起。

在主張自己的立場之前，先試著慎重考慮這些事情：如果自己處在對方的立場，會出現什麼樣的利害關係？自己會暴露在什麼樣的人際關係當中，又會有什麼樣的想法？

只要先試著思考這些問題，自然就能衍生出對策。

然而，觀察現狀可以發現，多數人在考慮對方立場之前，總是從自己的角度出發，只關心自己的利益，有時還會理所當然地主張自己的喜好。

另外，要像先前所述一般，站在對方的立場思考，也是需要培養的習慣。首先，你必須試著實踐一次，並且在之後努力反覆練習。這不管在職場或是私人場合都同樣適用。

當然，卡內基所主張的這項習慣不只適用於個人活動，也能在企業活動中派上用場。

畢竟，一家公司的跌宕起伏，同樣取決於公司了解顧客的立場到什麼程度。只要觀察任何一家業績下降並持續虧損的公司，就能發現這類型公司大多忽視顧客需求，並且陷入了自我滿足的狀況。

你能同理對方到什麼程度？這就是成功與失敗的分水嶺

「成功的祕訣，在於你能捕捉對方觀點的能力，並兼顧你及對方的不同角度。」

這是汽車大王亨利．福特（Henry Ford, 1863～1947）說過的話。卡內基引用這

在事業上獲得「朋友」的必要技能 ②
站在對方的立場

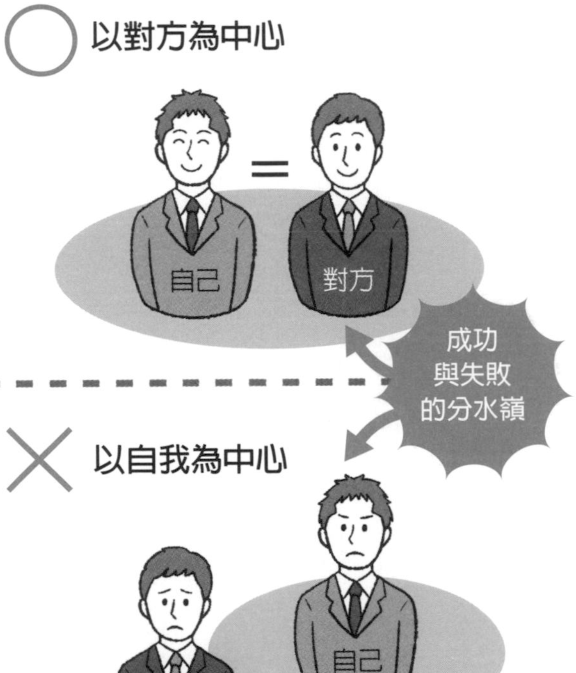
以對方為中心
自己
對方
成功
與失敗
的分水嶺
以自我為中心
對方
自己

POINT

卡內基成功哲學的本質，就是站在對方的立場來思考。

句名言，並感嘆如此簡單的道理，人們卻往往忽視。

卡內基說：「企業間的商業書信也好，企劃書也好，大多從公司本身的角度出發，鮮少站在收信或閱讀企劃書的對方立場上來考慮。」

當然，不只是企業，在工作上認識的人，工作以外認識的人，這些人大多不在乎對方的想法，總是滿足於從自己的立場出發，只談論自己。更令人感嘆的是，他們甚至從來沒想過要試著站在對方立場思考。

到了今天，街上還是有許多推銷員，身上帶著空白契約書、拖著沉重的腳步奔走著。或者，有些人像是在思索著什麼一般，神情晦暗地坐在咖啡店窗邊的座位，眺望著窗外的街道。那一定是令人相當難受的時間吧。不管是八十年前還是現在，這些人都是一樣的。

同情他們很簡單，然而與其同情，不如試著這麼問：「在你們這些人當中，有多少人真正站在客戶的立場，真心為客戶著想呢？你們從來不跳脫自身，永遠只站在自己的立場思考。最終，你只想到你自己，不是嗎？」

成功的業務不做商品說明

卡內基描述了因為做不到換位思考而無法成功的商業人士，與此同時，他花了更多篇幅講述能夠做到這一點，並取得成功的例子。

卡內基每年都會在紐約的飯店舉辦為期二十天的講座，有一次，飯店突然告知他大廳漲價了，而且還漲得非常離譜。由於講座的票和海報都已經印好、送到顧客手上了，到了這個節骨眼，卡內基無法臨時取消講座。如果不想辦法跟飯店商量較低的費用，講座將會造成虧損。走投無路的卡內基，最後是如何解決這個問題的？

是向飯店經理殷切訴說自己的處境以博取同情嗎？（這個方法在美國似乎很難奏效）

還是一味強硬地抓著飯店片面更改價格這一點進行攻擊？（雖然這是事實，但成功的可能性相當低）

卡內基並沒有選擇這些做法。

他沒有向對方提到自己陷入了什麼窘境，而是專注在飯店和經理做此決定的苦衷

上，站在對方的立場思考並進行交涉。例如，「我們都是為了提高利潤，目的是一致的。」、「您希望得到的利益，用這樣的方法也可以達到不是嗎？」等，他徹頭徹尾地站在對方的利益上考量，並提出解決辦法。

結果，雖然仍有漲價，但他得以用低於原先漲幅許多的價格解決這個問題。

另一個例子，某家壽險公司的銷售員與約好的客戶見面時，他**並不急著向對方說明自家的壽險內容，而是先詢問對方狀況。因為他站在客戶的立場事先討論對方在生活上的焦慮以及對生活的規劃**，贏得了客戶的信賴，因此能夠成功地和客戶簽訂契約。

相反地，也有銷售員幾乎完全不去了解客戶的生活和想法，只顧著宣傳和推銷公司的保險商品，因此就算再怎麼努力客戶也不願意簽約，處境相當艱困。

眞正打從心底站在客戶立場提供業務服務，絕對不是一件簡單的事。

然而，如同卡內基所說，要從一個只以自我為中心思考的人，轉變為能夠從對方立場思考的人，只要找到根本的心態及思考方式的開關，並稍作切換即可。

那麼，如何切換這個開關呢？我會在第二章一一進行說明。

第2章

卡內基式
推動他人行動的方法

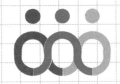

當我們希望「推動他人行動」時，
總是傾向下達命令或指示他人該如何去做。
然而，卡內基並不肯定這種做法。
他闡述了「如何站在對方角度行動」的重要性。

1

推動他人行動的方法①
配合對方

■沒有人實踐的「釣魚理論」

卡內基認為贏得「友誼」並讓這些朋友關心自己，是邁向成功人生的重要關鍵。同時，為了達到這個目的，必須拚命努力、鞠躬盡瘁。

他在這裡舉了一個相當有趣的比喻：

「我喜歡鮮奶油草莓，然而魚兒卻喜歡吃蟲，因此釣魚時，我選擇的釣餌是蟲而不是鮮奶油草莓。所以當對象是人的時候，沒有理由不採取同樣的方式。」

也就是說，如果你想洞察對方的心情，並讓對方對自己產生關心，就必須忘記自己的喜好、想法甚至價值觀。因為，不以對方的喜好、想法和價值觀為基準和他相處，是不可能辦到的。

不論是誰聽聞這個道理，都會認為「確實如此」吧？

然而，每天實踐這個「釣魚理論」的人卻非常少。

不管是工作上還是私底下，我們和他人對話時，總是不自覺地以自己的喜好、思考為基礎來發言，不是嗎？

對方明明喜歡相撲，你卻跟對方談自己有興趣的足球；對方完全不懂英文，你卻在言談中夾雜英文單字。

你的確在釣魚，但是釣鉤上的魚餌不是魚喜歡的蟲，而是被自己想吃的菠蘿麵包取代了。

連魚都釣不到，更何況掌握人心？

從對方也認同的角度切入

「首先，從雙方都有共識的角度切入」。

為了配合對方，卡內基提供了一個方法，那就是從雙方有共識、對方會點頭同意（說YES）的話題開始。

在你和對方的立場和想法有著天壤之別時，更是必須掌握這個原則。細細思索對方的立場和思考模式，找出你也同意的部分。第一句說出口的話，就是那個你能夠同意的部分。絕對不要將你認為是錯的，或是你不那麼認同的部分拿來當作開場白。

這麼一來，你就能誘導對方說出「YES」，也就是得到「的確如此」、「你很懂嘛」等正面回應。

接著，你要引導對方，讓對方認為「雙方的作法確實有所差異，但是兩人的目的是一致的」。

知識一點通

成功人士，也就是成功的職場工作者，或是事業成功的人，和這類卓越人士見面談話非常有趣。一般似乎認為這類型的成功人士會說出一些另類的話，但是在我的經驗當中，出乎意料地大部分人在交談時都相當普通，符合一般人的常識。不管是誰，說話時盡量只提所有人都同意的部分。

什麼是「釣魚理論」

○ 魚鉤掛上
魚愛吃的蟲，
魚兒上鉤。

× 魚鉤掛的是
自己喜歡的菠蘿麵包，
怎麼釣都釣不到。

POINT

**建立人際關係和釣魚是一樣的道理，
你必須從對方的喜好去思考，而非自己的。**

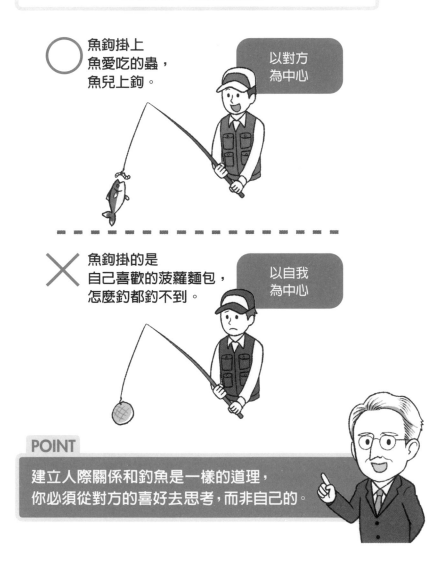

在這個情況下，你必須考量自己的立場、想法，甚至喜好，找出你能接受的第二順位、第三順位。談話時，切勿以自己的立場和想法為主軸，而必須以對方的立場和想法為中心出發。

人啊，只要你讓他說出一次「不」，或是「不對，不是這樣吧」，後續無論你再說什麼，都會不自覺地傾向否定你，難以認同你說的話。這一點請千萬牢記。

如果隨口說出自己的主張，讓對方說出一次「不」的話，不管多好的企劃都很難說服對方進行。相反地，如果你能讓對方頻頻說「是的」，即使提出不怎麼高明的企劃，意外地也能讓對方刮目相看。我想無論是誰，都曾有過這樣的經驗吧。

即使點子是你想到的，也請和對方分享

由於我們擁有自尊心和利己的思考，面對自己所獲得的事物，我們傾向給予高於事實的評價，並且付出不必要的重視。

當人們自己發想了什麼，或是發現一個點子時，也會有這樣的傾向。我們會認為點子屬於自己，並且太過於在乎這一點。

「請讓對方認為，這主意是他想到的。」卡內基說。

他舉了某位設計師藉由跟其他設計師分享自己的草圖，如願取得該設計師的協助，因而邁向成功的故事。

當你希望他人成為商業上某個環節的合作夥伴時，如果對方只是區區一個協助的角色，是不可能為此熱心付出的。

沒有人想當配角，都希望自己做為獨立的主體來行動。

一旦把那個商業上的發想看成是自己的，即使那個想法是別人帶來的，你也會帶著熱情去行動。

那麼，要怎麼做才能與他人共享這個發想呢？如同那位設計師做的一樣，不完成細節（沒有完成草圖），而是和對方商量，一起完善未完成的部分。這眞是相當聰明的作法。

先由對方的夢想開始談起

「羅斯福總統和其他領導者一樣，都知道抓住人心最有效的做法，就是跟對方談論他最感興趣的事。」

這是卡內基書中的一段話。

所謂對方最感興趣的事，就是讓對方訴說他的夢想。

只要一說出「談談你的夢想吧！」人們就會不自覺地想：「對啊，開始新事業或新企劃而必須說服他人時，就從夢想開始談起吧！」我經常遇見這種人，他們會開始解釋自己為什麼要這麼做、為什麼希望企劃成功，熱切地談論自己的夢想。

提起夢想不是壞事，然而，**你要提起的並非自己的夢想，而是對方的夢想**。說來可悲，但請務必了解，你的夢想是什麼對他人來說，實在不值一提。

先談論對方的夢想，然後向對方提到自己的新事業及企劃跟他的夢想之間的關聯性，你必須熱情又完整地告知對方，為了實現他的夢想，你要做的事情將會派上什麼用場。

在卡內基的著書當中，提到了許多企劃成功和商品熱賣的例子，這些例子不只來自於企業，更來自於義工活動。而這些例子當中，大多都不是靠著「自己的夢想或企劃」來說服他人，而是透過成功地闡述「對方的夢想」，讓對方發自內心願意配合並且提供協助。

任何從零開始並且渴望成功的人，今後不該只考慮自己的夢想，而是必須仔細思考他人心中的夢想是什麼。

命令和下指導棋不會讓人產生「動力」

在《卡內基溝通與人際關係：如何贏取友誼與影響他人》一書中，卡內基提到了一個相當耐人尋味的銷售會議。

一名業務經理思考著如何才能讓銷售人員更加努力工作，他召集眾人並開了一場會議。在會議當中，他向所有銷售人員詢問對經理的期待之後，便讓同一批人在黑板寫下他們對自我的期許。

於是，他們在黑板上寫下忠誠、進取、團隊合作等關鍵字。

然而，這些期望並非只有寫下來就算了。銷售人員必須從明天開始實踐自己對自己寫下的期望。

這個銷售會議展示了幾個非常重要的重點。

首先，**人們不喜歡被命令，也不喜歡被下指導棋，因此這麼做並不會使人產生熱情。但如果是自己思考過的事，就會變得有動力。**

其次，**在不受強迫的情況下自由思考時，會有偏向道德和社會正義考量的傾向。**

最後，即使進行決策的事在你的職責範圍內，**只要不把想法強加在他人身上，試著放手讓對方發揮他的思考及喜好，就能得到良好的結果。**

2 推動他人行動的方法② 找出對方的優點並給予認同

「真希望我能有你這樣的頭髮。」

卡內基有一次在紐約的郵局，突然想博取一名行員的歡心，他試著尋找男行員身上可以稱讚的地方，並且立刻就找到了。

卡內基趁該行員為郵件包裹秤重時，對他說出這句話：「真希望我能有你這樣的頭髮。」

那名行員霎時露出驚訝的表情，但是立刻浮現開心的微笑，之後兩人開始交談並聊了許多。第一次見面，卡內基就抓住了這名行員的心。

當我們看到一個人的優點或是美好的部分時，即使心裡認同對方這一份美好，卻不會實際說出口讓對方知道。就算是熟識的朋友，不說的人仍佔大多數，何況是幾乎不認識的陌生人，更不會特意把這些稱讚掛在嘴上。

沒有人會因為被稱讚而感到不開心。如果對方稱讚的是自己也暗地裡自豪的事，被稱讚的喜悅就更加強烈了。

但是，面對輕易稱讚他人的人，「他為什麼要做到這個地步，有什麼好處嗎？」會這麼想的人不在少數。

卡內基也遇上了同樣的狀況，當他在課堂上提起郵局事件時，也接收到了類似的負面反應。確實，當你稱讚他人，並不會馬上為你帶來好處。

但是，就如同卡內基指出的，「只是讓對方開心一下也很好不是嗎？不去設想這個行為會帶來什麼結果也沒關係。」

事實上，就像此時的卡內基一樣，習慣在發現他人優點時立刻說出口的人，經常擁有相當大的優勢。

誰都有屬於自己的優點

「我遇見的每一個人都是我的老師，因為我從他們身上學到了東西。」這是美國思想家愛默生（Ralph Waldo Emerson, 1803～1882）說過的話，卡內基引用這句名言，並提到「只有沒什麼功績的人，才會自命不凡，惹人不快。」

例如，你不只英文流利，對股票更是知之甚詳。然而，今天你前往的餐會，與你同桌的人幾乎不會說英文，對股票也幾乎沒有概念。

如果你虛懷若谷，並願意敞開心胸，或許你就能察覺到同桌的人其實會一點韓文，而且熟知韓國歷史；或者，他很可能其實是圍棋和釣魚高手，對紅酒也很精通。

學習並實踐卡內基所教導的，在對談當中發覺對方的美好之處及優勢，試著暗示你對他的欣賞，或是大方地稱讚對方吧。

這麼一來，對方會帶著好感看待你，並且藉由和對方多方談論他的事情，或許能更進一步，從談話中挖掘出你和對方的共通點。你可以從對方身上學到自己沒有涉獵過的知識，或許也能藉此開啓一個未知的新世界。

如同愛默生所說，只要保持謙虛的心，無論面對誰，你都能從他身上找到優點及厲害之處。這不僅止於人際關係，同時也能運用在職場上。

萬般說理不如一滴蜜

有一種人，在試圖達成自己的要求時，會訴諸理性的語言，希望能以理服人。那麼相反地，就會有另一種人，透過讚美對方，引導對方照著自己的期望行動。

卡內基經常說，跟前者的作法相比，後者的作法較容易取得好的成果。**a drop of honey**，一**滴蜜的力量**，沒有比卡內基更認眞研究這個現象的心理學者了。

與其論理，不如訴諸情感

據此，你們應該選擇敝公司。
因為A是B，所以A是正確的。
我喜歡你。
理論派
<
情感派
我希望和貴公司合作。

POINT

卡內基強調發掘對方優勢，訴諸情感的重要性。

卡內基透過舉出幾個企業以及個人的例子，向各位說明比起「萬般說理」，「親切的態度和溫柔受用的語言」是如何能將事業導向成功。

無可避免的，人們總是使用理性的語言，來說明自己的構想和企劃是多麼創新、多麼出色，多麼地有利可圖。但是對聽者來說，不管在理論上你的話有多「正確」，都會因為無法完全跟上你的想法，反而使得對方對你的構想多所質疑，這樣的經驗應該不在少數。

一旦發生類似的你來我往，說者無可避免地必須就理論層面提出更具說服力的說法，而對方也只能據此提出更進一步的反論和質疑。我相信無論是誰，應該都經歷過類似的惡性循環吧。

卡內基建議，會面時，首先指出對方的優勢，例如高超的工作能力、易於相處的性格等，然後簡單說明自己的構想和計畫，運用友好親切的態度和語言，尋求對方的協助。用這種方式向他人尋求合作，多數狀況下，對方會回覆：「你都這麼說了，實在令人難以推辭。」然後漸漸朝向願意合作的方向進行。

3 推動他人行動的方法③ 與初次見面的人相處的四個訣竅

■與其煩惱聊什麼，不如「丟出小問題」

初次會面時到底該說什麼？不自覺開始煩惱見面話題的人似乎不在少數。

如果有確實要商談的事宜倒是沒什麼問題，然而如果只是出席一個以交流為目的的聚會或派對，不得不與素未謀面的人聊天時，那就傷腦筋了。相信大家都有過類似的經驗。

如果不與任何人交談，不僅無聊，更是浪費時間，更甚者，或許就讓前所未有的好機會溜走了。

為什麼這麼說？因為在陌生場合和一群陌生人接觸，是能夠一口氣拓展視野和人脈的好機會，在這種場合不經意邂逅的人，也經常可能成為你不可或缺的重要夥伴。

那麼，我們該怎麼做，才能使這種偶然的邂逅開花結果？

對著一個不認識的陌生人口若懸河地談論自己嗎？

卡內基並不建議這種做法。

卡內基認為，**「只要在與他人的對話當中，穿插小小的疑問即可。」**

具體來說是什麼樣的疑問？例如，「你跟主辦單位是什麼關係呢？」、「你常常和出席的人聚會嗎？」或是「我是搭地鐵轉車來的，你呢？」等，先從詢問看似無關緊要的小問題開始，然後慢慢帶出自己的事，再循序漸進詢問較深入的問題，例如對方的工作內容，未來想朝哪個方向發展等。

即使你發現對方和自己的事業或活動無關，也絕不能在當下表現出失去興趣的樣

與初次見面的人順利交談的訣竅

1 提問無關緊要的小問題

2 做一個傾聽者

3 不指出錯誤

4 向落單的人釋出好意

POINT

卡內基把和初次見面的人順利交談的「雜談力」相當成功地運用在職場上。

子。付出相應的努力，讓對方成為自己朋友圈的一員，是至關重要的。

因為，就如同卡內基所說，為了創造成功的人生，「沒有什麼比朋友更加重要」。

盡量讓對方說話

在交談當中適時提問無關緊要的小問題，有助於推動話題並延續交談。接下來務必要留心的是，不要自顧自地講個不停，要讓對方多多表達自我。

卡內基提到，**「即使你不同意對方的話，也絕不插嘴，務必讓對方暢談。因為愈是工作順利、事業有成的人，愈希望有機會一吐苦水，聊聊自己的辛勞。」**

我們常常會看到工作順利、事業有成的人，以及盡力迴避密切社交關係的人。某些人是這麼想的：成功人士的自我誇耀，以及某種程度高高在上的說話態度，讓人沒有興趣與之交往。

這樣的情緒理所當然，相當容易理解。

每個人都想和讓自己掌握主導權、不引發嫉妒、能夠自在相處的人在一起，這是很自然的傾向。

但是當你浮現這種心態時，請務必想起卡內基的教導：**「若想邁向成功，就和成功的人做朋友。」**想在事業這條路上邁向成功，這是最重要的一點。

不要指出對方的錯誤

「『你錯了』這句話千萬不能說。」這是卡內基指導的大原則之一。

他在《卡內基溝通與人際關係：如何贏取友誼與影響他人》一書中，與第一章所教導的角度不同，提出了這項原則，並寫下一個有趣的故事。

在一個晚宴上，一位賓客演講時引用了莎士比亞的文句，卻說錯了引用的出處。

卡內基也出席了那場晚宴，他忍不住告知那位賓客他的錯誤，而坐在他旁邊的友人在桌下踢了卡內基的腳，並對他說：「他是對的，你錯了。」

晚宴結束後，卡內基對那位朋友說：「他引用的的確是莎士比亞的……」但是朋友卻回覆他：「你說的沒錯，但是就算你在那個場合說了，又怎麼樣呢？」

我們應該牢牢記住卡內基友人的這番提醒。

我們會在各式各樣的場合中遇見各式各樣的人，並與他們有無數次的談話。在這些談話當中，無論是誰，都有可能因為誤會、錯誤的知識或理解得不夠完全，而將錯誤的話說出口。特別是一些難讀的冷僻字，或是在談話當中夾雜錯誤的英文用法。

我經常遇見連這種細微的錯誤，都要在別人說錯時一一糾正的人。

當然，如果是感情很好的朋友，這種互相吐槽或許是一種樂趣。

但是，如果聊天的對象是不怎麼熟悉的人，甚至是第一次見面的人，這種習慣就會成為你的致命傷。

當你想要挑剔這種小錯誤時，你就代替卡內基的朋友踢你自己一腳吧！

為什麼應該盡量讓對方表達？

大原則

如果想要邁向成功，
最重要的是成為成功者的朋友。

↓

當成功者開始訴說他過去的辛勞時，
適時地成為聆聽者。

那時候真的有夠辛苦……
原來是這樣啊！
自己也能邁向成功！
成功者

POINT

卡內基要強調的重點是：
「友誼是可以贏得的。」

成為寂寞、孤單的人的說話對象

卡內基的著作中，探討以成功為目標的人其心理以及心態的主題並不多，反而經常著墨於孤獨、寂寞和苦惱的人。

例如，事業成功的孤獨商人；被房客討厭、總是被抱怨的房東；丈夫先走一步、無人聞問的年邁女子；以及生活困苦、忙於農活喘不過氣的農家。

卡內基提到，**對這些孤獨的人來說，溫柔的語言和他人肯定的話語，是多麼重要的救贖。**

不僅如此，這些對孤獨的人溫柔講述愛的語言的人，他們能夠從與自己相反的立場，了解到這些人能夠為自己的事業帶來何種利益。

我們與他人初次見面時，不管是何種場合，都不免將注意力放在開朗、善於社交，並且受人歡迎的人身上，但是卡內基卻認為，我們應該更加留意那些寂寞和孤獨的人才是。

事實上，這種主動與寂寞和孤獨的人打交道的策略，不僅展露了人性中美好的一面，也經常能為你的事業帶來良好的結果。

就如同卡內基所說的，與孤獨的人交往，不僅能發展深刻又長久的友誼，同時在事業上，也能締結長久又堅實的合作關係。

4

推動他人行動的方法④ 接受批評

只要有百分之五十五的準確率，你就能在華爾街日進斗金

「如果你能確定自己的判斷有百分之五十五是對的，便可以到華爾街日進斗金。」

在這段話之後，卡內基接著提到：「如果你不能確定自己的判斷有百分之五十五是對的，又如何能指責別人犯錯？」

卡內基的用意，在於告訴讀者我們都是人，只要是人都會出錯，即使責備也無法挽回什麼，但他同時也傳達一個訊息，那就是雖然每個人都有出錯的時候，但沒有必要因此感到羞恥。

因為不管怎麼說，無論是誰，在任何時候，都總是錯誤百出。

卡內基認為，當我們願意原諒其他人的無能和愚昧時，也賦予了自己勇氣。

當我們為了追逐夢想，展開新事業和新企劃時，如果不能帶著自信去做，就無法說服他人，也難以得到他人的協助。如果你難以擺脫不安，認為自己總有什麼地方判斷錯誤、對事情的認知有偏差、對情勢的判斷不夠周詳等，被種種不安情緒攫住的話，你也不可能充滿熱情地向他人訴說你的夢想。

那麼，要怎麼做才能培養自信呢？

根據卡內基的說法，建立自信的其中一個方法，就是**「坦然面對『自己也會有錯誤的時候，錯了就錯了』的事實，如此一來，當你認知到自己的錯誤時，就能擁有毫不羞恥地對自己、對他人承認錯誤的勇氣。」**

會議時提出的意見，意外地充滿偏見

當我們提出新提案或採取不同行動時，會因為相關人士的反應而感到不安。如果有公開直接否定的人，那麼也一定會有拐彎抹角批評你的人。

面對這種人該有什麼反應，卡內基的思考方式可以成為你的借鑑。

「真正合乎邏輯的人其實很少。多數人都充滿了先入為主的成見和偏見。」

我們都認為自己是合乎邏輯而公正的，然而人類不管面對什麼問題，事實上都很容易在沒有仔細思考的狀況下妄下結論。

只要稍微反省自己過去的種種行為，應該就能立刻發現，卡內基對此的想法相當坦率，而且正確地描繪了人性。

只要你能將卡內基這段話確實地聽進去，就再也沒有任何理由因為旁人的反應、批評或判斷而感到害怕。

例如，當你提出新提案時，即使相關人士的其中一人回道：「那種想法不是已經

人類充滿偏見

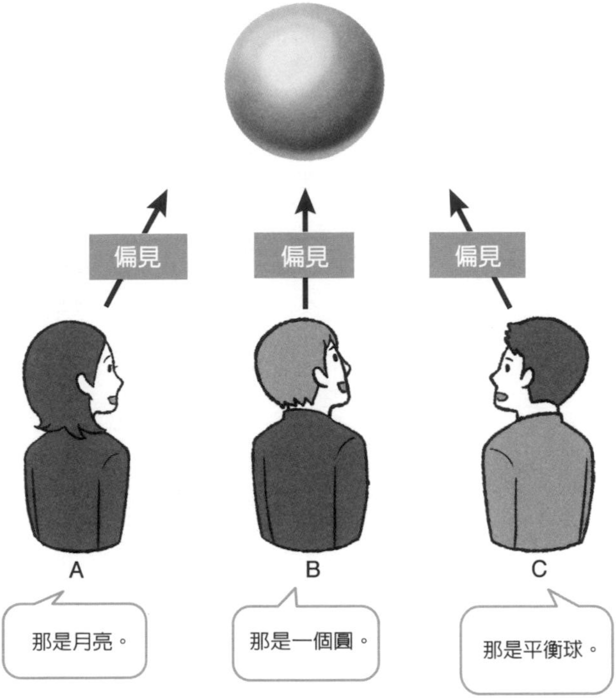

POINT

只要是人，都充滿了偏見。
因此，不需要害怕他人的批評。

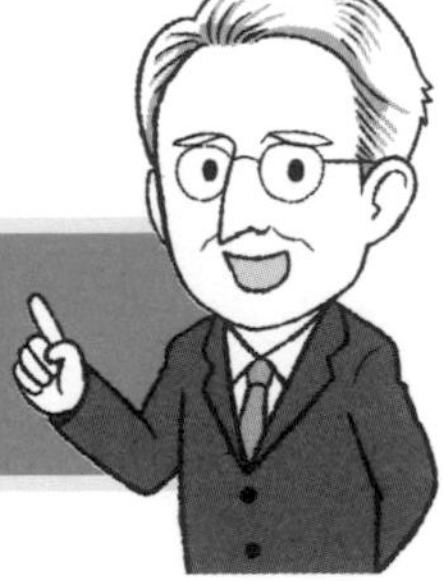

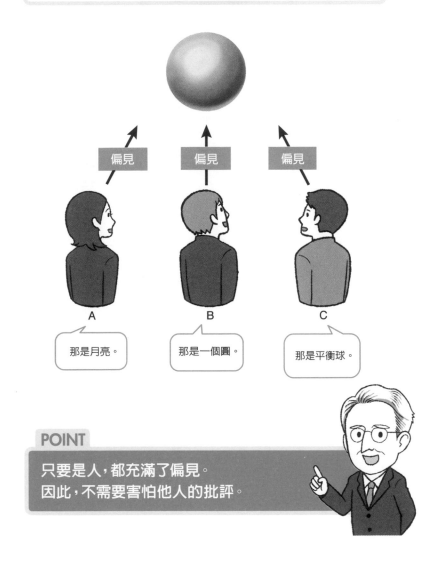

過時了嗎？」對你來說，他的話不過就是依循個人經驗、知識和偏見所做的一種判斷罷了。

或者，當你在會議裡提出新提案時，不管肯定還是否定，其他人對你的提案應該會有各式各樣的意見吧，這種情況下的意見在本質上跟剛才所述也幾乎沒有不同。

事實上，在會議上被提出的所有意見，都不是經過客觀的深思熟慮、合乎邏輯的意見，而是與會人依循自己先入為主的成見和偏見，在沒有詳加思考的狀況下提出的。這件事請各位千萬要牢記。

畢竟，你我都充滿了各式各樣的偏見，幾乎沒有邏輯理性可言。

所以實在沒有必要在提案或企劃遭受批評時感到害怕。你甚至必須鼓勵自己，帶著愉悅的心情歡迎這類型的否定意見。

歡迎他人的批判

「歡迎他人的批判。如果兩個夥伴的想法總是相同，那只需一個人不就夠了？」卡內基這麼說。

他認為去傾聽自己以外的想法是非常寶貴的。正因為接受了他人對自己的批判，我們才能跨出自己的想法之外，並且看到了其他的想法；這也為我們開啟了各種可能性，例如照著自己的想法進行可能犯下的大錯，或許因為接受他人的批評而得以迴避——這就是卡內基的想法。

因此，**「如果有人提出了和你不同的意見或批判，你應該感謝他們。」**卡內基的這種想法，跟耶穌所說「如果有人打你的右臉，就把左臉也轉過來讓他打」相當類似。

今後，如果有人批判你的想法或做法，不要總是為了維護自己或捍衛自尊而選擇不傾聽或反擊對方，試著放下身段去了解對方的批評，並將之納為參考，再次審視自己的想法和做法。

卡內基在此提倡的做法也像不抵抗主義，只要能學會這種靈活慧黠的思考模式，你就能脫胎換骨，成為一個與過去的自己完全不同的人。

不管在工作上或私人領域，在職場或回到家庭，你都能成為嶄新的自己，踏出屬於你的第一步。

第3章

卡內基式
觸動人心的說話術

卡內基式的「說話術」並非所謂的「演說術」。
而是以自己的語言，率直地說出自己的想法。
最重要的是，能夠做到說話時不緊張。這些說話原則看似簡單，實際上卻相當困難。
在這一章裡，卡內基將提供具體的指南。

1
首先，最重要的是讓自己從緊張中解放出來

比起說話技巧，更重要的是消除「恐懼心」

卡內基二十多歲就開始教導商業人士在人前說話和演說的方法，也就是教導他們如何公開演講。

他最重視的一點，就是幫助一般的工作者，如何擺脫在人前說話時席捲而來的強烈緊張感。

一提到說話術，人們往往只強調「肢體．手勢」、「發聲方法」或是「說話內容」等技巧，然而卡內基並不重視這些部分。

在《成功有效的團體溝通》（*The Quick & Easy Way to Effective Speaking*）一書中，卡內基提到：**「我一生中大部分的時間，都在協助人們擺脫（在人前說話的）恐懼，並增進勇氣和自信。」**

卡內基認為，要能擺脫恐懼心並成為具有勇氣和自信的人，關鍵因素是擁有堅強的意志力。

七十五萬人自卡內基教室學成離開

卡內基向他的學生們鄭重強調，在人前順利說話的能力不僅對職場重要，在社會生活方面亦不可或缺，同時這個能力將會為自己帶來更加美好的未來。

只要夢想成為一個能夠在人前順利說話的人，把習得該能力做為目標，自然就能成為一個擁有堅強意志的人。

卡內基希望學生以他人做為榜樣來學習，並且確信自己一定會成功，要求學生盡可能地多加練習。在這樣的指導之下，實際在卡內基教室學成離開的人，超過了七十五萬人。

改變想法，就能改變自己

在一次電台節目中，主持人問到「什麼是你學到的最重要的功課？」卡內基回答：**「想法塑造個人，因此只要改變想法，人也會跟著改變。」**

他認為，「如果想開始一番新事業、想成為嶄新的自己，首先必須試著改變想法。」

如果有一個不擅長在人前說話，但又希望能在人前抬頭挺胸表達自己的人，他要做的第一件事，就是試著想像當自己能夠在人前順利說話之後，可能為自己帶來多美好的生活。從這一刻開始，對那個人來說，已經開始一點一滴地改變了。

如果不擅長在人前說話……

Before
不擅長
在人前說話。
改變想法
＝ 學會在人前說話之後，
對自己有什麼好處？
After
能夠抬頭挺胸地
在人前表達自己。
恐懼
心理
自信

POINT

身為表達的專家，卡內基認為首先最重要的，
是擺脫任何人都會有的恐懼心理。

2

三個觸動人心的說話技巧

演說術並不實用

卡內基說：**「所謂的演說或演講，其實只是日常會話的延伸。」**然而就連他自己一開始也不是這樣想的。卡內基剛開辦說話教室的那幾年，也在課堂上教導學生主流的「演說術」。

但他很快就發現，這套他大學時也學過的演說術，其實沒有什麼用處。

卡內基在《成功有效的團體溝通》中，稍微提到了自己曾經學過的演說術是什麼。

那是一種**從技巧性的肢體語言和手勢開始，教你說話的模式。但這套卡內基在自己的說話教室中也教過的演說術，並沒能教導學生如何將說者的個性融入自己說的話當中。**

演說術這類型的說話術，即使在今天也很少聽聞了。我發現幾乎沒人還有興趣教導或學習演說術的說話模式。

但是，這就代表我們眞的脫離形式了嗎？只要聽過一些人在各式場合中做為問候的寒暄，就會發現在我們意識當中的某處，還是隱含著演說術的濃烈色彩。

像是結婚典禮、開學典禮、畢業典禮、開幕式、開工拜拜、迎新活動……配合各種不同的活動，我們會知道要使用什麼字彙、講什麼話和開什麼玩笑，在腦海中備妥這些框架，而且大多數人都依循這些框架與他人對話。

更直白地說，就連政治家或經濟領域相關領袖這類靠語言力量生存的人，也在某

知識一點通

卡內基年輕時曾加入劇團，並夢想成為一個演員。對他來說，學會演說術、用戲劇化的方式說話，是一件相當簡單的事。但是當他學會這個技巧，他失望地發現：「什麼嘛，原來只是如此！」對他來說，正因為太過簡單，他才發現演說術有多麼過時。

些地方保有演說術的能力，使用無個性的談話框架、熟記的說話技巧與他人進行交談。

把談話營造成日常對話的必要條件

跟國外許多充滿個性、自由表達的領導人相比，大多數人實在太過依賴說話的框架了。

在這一點上，正如卡內基所指出，那樣的說話方式是無法觸動人心的。

那麼，若要不拘泥形式，像日常對話般說話，必須注意哪些重點呢？概括而言有以下三個重點：

●用個人意見取代浮泛之論

卡內基曾經分享電視節目上業餘素人引人入勝的談話例子，他說從這些沒有受過

演說術與卡內基式說話術的差別

	卡內基式說話術	演說術
主題	個人意見	浮泛之論
內容	人生中的學習經驗	抽象的話題
定位	日常會話的延長	特別的技巧
例子	史帝夫・賈伯斯	日本的政治家

↓

推動他人

POINT

就說話的手法來說，
卡內基否定了死板的「演說術」。

說話訓練的普通人身上，也有非常值得學習的人前說話技巧。

首先，若要觸動人心，**「就必須放棄浮泛之論，並根據個人經驗來說話。」**

這是因為聽眾往往對根植在個人生活的題材感興趣，而非抽象或過於浮誇的事。

●暢談在人生中學習到的經驗

最能觸動人心的話題，是人生中親身經歷的經驗。

但是不知道為什麼，有許多人不能接受卡內基這個看法。這些人堅信個人經驗非常無趣，沒有什麼可談的部分。

在這個世界上沒有什麼人是無聊的，**任何人只要是基於個人經驗率直地與人分享，都會讓人充滿興趣。**

●從生活中找話題

如果不知道要說什麼話題，就從自己的生活和人生經驗開始談起吧。在你的個人經驗中，蘊藏著相當豐富的礦藏。

請務必跟對方分享你幼年和童年時期的趣事，吸引聽眾的注意力。在學生活、克服逆境的經驗等，也是相當討喜的話題。

年輕時的辛勞、一直以來的興趣、不尋常的經歷、信念或座右銘……這些也是只要一提到，就會令人感興趣的話題。

關鍵就在那些你最了解、最有興趣的事情上，請盡量跟對方聊聊你自己。這麼一來，**「你就能毫無顧慮地說出自己的想法，表現出你的感性，並說出真正想要傳達的內容。」**卡內基說。

賈伯斯體現了「卡內基式說話術」

書寫至此，在我的腦海裡，浮現了一個具體實現並體現卡內基說話哲學的人物。

他就是蘋果公司的創辦人史帝夫·賈伯斯（Steve Jobs）。

知識一點通

和人交談並不是一項「表演」，而是回歸自我、表現自我的時刻。當卡內基意識到此一事實時，我們可以說他開啓了一個被稱為「現代」的時代。正因為他是現代的先驅者，所以他取得了成功。

賈伯斯在分享自己的經驗與辛苦、講述自己的信念與感性時，總是真誠而率直，觸動了許多人的心。

但是很遺憾地，日本的政經界當中，並沒有賈伯斯這類能夠運用自身感性講述自身經驗的人物。大家總是用普通的語言說著老生常談，並因此感到滿足。這樣的人永遠也無法將言語傳達到他人的心中。

3

不要過度延伸話題

虛張聲勢會造成反效果

在我們的內心身處，總是渴望在他人面前表現出最好的自己。

這就是為什麼我們總是不從自己的經驗和想法出發，而是不自覺地選擇從具有權威、不會遭受批判的浮泛之論開始談起。

同樣地，為了讓對方肯定自己，我們會延伸並擴大話題，甚至加入主題周遭各式各樣的相關內容。因為我們想盡量向對方誇耀自己的知識和經驗。針對這個在人前說話時容易過於擴展話題的傾向，卡內基將之視為**「在一個話題中投入過多內容的衝動」**，並強烈建議讀者必須引以為戒。

談論一定程度以上的枝微末節是沒有任何意義的。正如卡內基所指出，我們很容易因為無關且單調的事感到無聊，因而緊閉心扉。

所以，重點愈少愈好。不要只想著要讓對方見識自己的知識和經驗有多廣，應該在較小的範圍內盡量濃縮主題。

說出真實的想法

「如果沒有真正發自內心，你的言語也不可能打動他人。」

卡內基認為若要感動他人，最重要的是說者必須不斷地讓對方感受到自己的熱情與誠摯的心意，而非理論多清晰、內容多好懂。就連在挑選話題時，最該注意的是你

重點愈少愈好

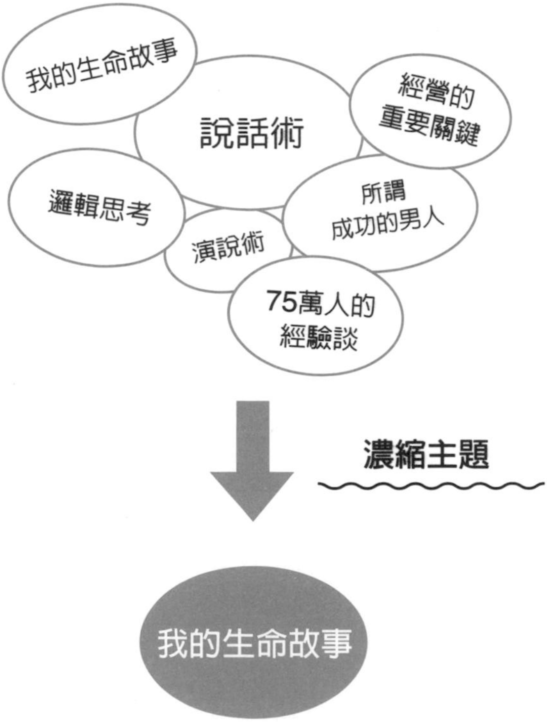
我的生命故事
說話術
經營的
重要關鍵
邏輯思考
所謂
成功的男人
演說術
75萬人的
經驗談
濃縮主題
我的生命故事

POINT

若要吸引他人，請停止虛張聲勢，
將主題濃縮是重要關鍵。

對該話題有多熱情，以及你對該話題的認眞程度。

針對話題的挑選，卡內基舉了一個相當有趣的例子。

在卡內基的講座上，曾經有過這樣的爭論：山胡桃木燃燒後的灰燼，到底能不能長出牧草？所有人都主張「這種不科學的事情不可能發生」，只有一個人從頭到尾堅稱：「可以。事實上，我現在就靠撒山胡桃木的灰燼來種植牧草。」

你的說話方式能夠改變「事實」

隨著爭論的持續，先前主張「不科學的事情不可能發生」的人當中，開始慢慢有一兩個人改變立場，轉而支持那個認為可以種植牧草的人，到最後，至少有超過半數的人都和他站在一起。

卡內基從這個例子當中得到了很大的教訓。

那就是**「當你相信一件事情並且真心誠意地訴說，就一定會出現支持你的人。」**

根據你的說話方式，不合理也會變合理

不合常理
例：山胡桃木的灰燼會長出牧草。
●相信的心
●認真程度
是這樣嗎？
你說服我了！
常理
支持者一個個出現，
不合理成為「常理」了。

POINT

比起「客觀的事實」，
卡內基向來更重視訴諸「感覺」。

在這個故事當中最重要的一件事是，即使從科學角度思考絕對不可能發生的事，只要不那麼想，甚至打從心底相信，就算是不合常理的事，只要懷抱熱情向他人表達，一定會有人被你打動，進而成為你的支持者。卡內基想說的是，沒有比懷著一顆熱情的心談論自己眞正相信的事物，更加有效、更加眞摰動人了。

而我們在此應該學會的，就是卡內基先前所主張，比起具有邏輯性的客觀事實，人們更容易被「強烈的感覺」和「純粹」所吸引，這些感覺更能影響他人。

4

用個人對個人的方式與人談話

為什麼運輸業者的話比大學教授更能抓住人心？

在群眾面前表達自己，本身就是一件非常困難的事情。更何況還要讓聽眾感興趣，克服在人前說話的恐懼感。

不過，只要知道某個祕訣，或許事情就會變得容易一些。更甚者，你會開始享受在人前說話。

卡內基曾經說過一個大學教授和一個當過海軍的運輸業者的故事，他提到他們跟群衆對話的方式，以及誰的話更能引起聽衆的興趣。

大學教授受過良好的教育，他的話清晰明快、邏輯通順。但是，**他的話欠缺一個很重要的元素，那就是具體性**。

最終，大學教授說出口的，終究只停留在抽象的概念。

另一位**運輸業者的說話方式則更具體、更寫實，他使用普遍的字彙，就像平常在聊天一樣**。他的話既生動又實際。

運輸業者比大學教授更能引起觀衆的興趣，這是無庸置疑的。

關於這個小故事，卡內基還有最後一點補充：和把聽衆當成抽象群體的大學教授相反，運輸業者並沒有把這些人當成聽衆，而是接受他們，把他們當成朋友。也許正因如此，他才能像跟朋友閒聊般跟他們說話。

在對話中加入人情味

沒有人喜歡聽別人說教。

卡內基說：「我們喜歡聽快樂、有人情味的故事。」那要怎麼做才能說出有人情味的故事呢？

卡內基認為所謂有人情味的故事，就是跟自己有關的話題、自己的經驗，或是朋友的故事。具體來說，有以下幾種方法：

●使用人名（可以的話請用本名）

為了在談話裡加入人情味，卡內基提供了一個方法。與他人聊天時，盡量使用自己的名字，最好是眞實姓名，而不是只提職位。

例如，與其說：「我有一個在區公所任職的朋友，他……」不如這麼開場：**「我高中同學在區公所任職，順帶一提，他的名字叫幸田幸一，一聽就覺得很幸福的名字**

對吧……」這麼一來，故事不只更具體，也能讓對方明白話中人物的人際關係，除了增加臨場感，更多了人情味。

只是這樣的一段話，就能讓聽眾對說者多一份親近感，並且因為你的話聽起來具有真實性，就更有機會引發聽眾興趣，吸引他們的注意力。

如果該場合不方便透露本名，也可以加入假名來增加人情味和臨場感，例如「先假設他叫鈴木一郎好了」，也比「在區公所任職的朋友」要好得多。

● 加入地名

除了在談話中加入人名之外，提到地點時，一一說出地名可以有效提高臨場感以及故事的真實性。

例如，不要只有「他現在住在關西……」，而是把地名一一說出來：**「他和妻子兩人目前居住在大阪府的吹田市，那裡是他妻子的老家。」**像這樣在談話中加入地名，同時不厭其煩地提到「吹田市是妻子的老家」和「與妻子兩人一起住」等細節，就能不著痕跡地提升話題的眞實性，也是一個能有效引起聽衆興趣的好策略。

●用鬥牛犬取代狗

卡內基在書裡寫道：「不要說狗，說鬥牛犬吧。」

為什麼卡內基這麼說呢？因為比起「只要到他家拜訪，就會有小狗到門口來迎接……」後者**「只要到他家拜訪，就會有可愛的貴賓狗到門口迎接……」**的說法，更能勾起聽者的想像，腦中浮現前來迎接主人的小狗模樣，大大增強了臨場感和人情味。

比起「他總是牽著狗散步呢」，「他總是牽著牧羊犬散步呢」這句話更能讓聽者的腦海浮現人物的模樣，製造臨場感。

●盡量把對話加入談話中

為了讓你的談話充滿人情味並且更生動，卡內基提議在說話時，加入對話的內容。

怎麼說呢？假如今天要抱怨餐廳「道歉的方法」，與其說「那家餐廳上菜超慢，客訴以後女服務員也只是來鞠躬而已……」不如具體一點：**「餐廳上菜的速度實在太慢了，我跟女服務生抱怨『為什麼那麼慢？我的紅酒都喝光了！』她只是『不好意思，對不起。不好意思，對不起。』不斷重複道歉而已……」**這麼一來不只能帶出臨場感，也增添了人情味以及真實性。

像這樣在談話中加入對話內容，一邊回憶一邊重現當時場景，比起平鋪直敘的說明，自然而然就會產生一股喜感，讓聽眾覺得有趣，達到炒熱氣氛的效果。

如果你很會模仿，還可以在加入對話時改變聲調，會產生非常好的效果。

● 讓人看到你的肢體動作、手勢及表情

據說，知識當中的百分之八十五來自於視覺上的印象。這點非常重要，但我們卻經常忽略這個事實。

在公開場合與他人進行交談時，必須考慮到此一事實。

什麼是有人情味的說話方式？

1

具體使用人名

例：「我有一個叫幸田幸一的朋友……」、
「那個小孩家裡養了一隻鬥牛犬……」

2

加入地名

例：「那個人和妻子一起住在大阪的吹田市……」

3

加入對話

例：「我跟媽媽說『那個藝人好棒喔！』
她回我『你好以貌取人喔』……」

4

加入肢體動作、手勢及表情

POINT

**說話太抽象無法引起他人的興趣。
必須向對方發送信號，
讓他知道：我正在和「你」說話。**

任何人都能透過電腦使用影片，但是在沒有這類工具的狀況下，為了重現當時情景，卡內基建議運用肢體動作、手勢，以及豐富的表情來輔助表達。

就像俗話所說，「一幅畫勝過千言萬語」。

5 如何吸引那些只對自己有興趣的人？

回想「大原則」

在群眾面前說話時，每個人都會煩惱該說些什麼。假如話題已經定好了，針對這個話題要說什麼、一開始從什麼角度切入、要強調什麼、要說到多仔細聽眾才能順利理解、要加入什麼樣的笑話和幽默、最後如何總結……這些細節都令人難以決定。

面對這個難題，卡內基為我們提供了很好的指標。

這個指標，就是**「人們關心的只有自己」**這項大原則。

如同第一章所述，那些願意聽你說話的人，他們「眞正關心的只有自己」。

因此，請把「人們關心的只有自己」這個大原則放在心上，試著去了解在你面前的是什麼樣的人，並且去思考他們眞正關心的是什麼。

●思考如何讓人感到親近

即使話題有所限制，首先，去認識在你面前的聽衆。他們是女性還是男性，大都是幾歲的人，學歷多高，在哪個業界從事什麼工作等。有了基本認識後，再思考對這些人來說，什麼樣的話題和他們更有關係，會讓他們感到更親近。只要好好思考這些問題，下功夫擬定策略，自然而然就會愈來愈接近答案。

●加入地方或地域特有的話題

卡內基曾經提到，有一位美國商會的人到奧克拉荷馬州演講時，提起當地人最關

如何使對方聽你說話？

大原則

人們真正關心的只有「自己」。

↓

只要做到「自己＝聽衆」，
對方就會聽你說話。

- 把你和聽衆的關係明確化。
- 向聽衆提問。

我跟你一樣，學生時代都是足球社的。
你是〇〇縣出生的嗎？

POINT

所謂演說，是講者和聽衆之間的連動。
把聽衆視為夥伴，對方就會願意聽你說話。

心的話題：奧克拉荷馬州的發展與歷史，結果演講相當成功。說話時，提到與該地區、地域關係深刻的話題，是絕對不可或忘的第一步。

但是，根據我自己參加各地講座的經驗，幾乎沒有講者在進入講題前或是在演講當中，提到該地方的特殊性、碰觸到地域相關的話題。

假如加入這樣的一句話：「好久沒有在大宮站下車了，這裡變得好乾淨，讓我非常驚訝。我記得以前好像還蠻髒亂的。」即使只是簡短的閒聊，只要稍微提到地域相關的話題，不僅可以緩和大家的心情，也有炒熱氣氛的效果。當然，如果你能說出更有個性、更有趣的地域相關小故事，那就更完美了。

讓聽眾成為你的夥伴

你的聽眾都是什麼樣的人？和這些人相關、他們會有興趣的話題是什麼？持續思考這些問題，就會發現所謂與群眾交談，或是所謂演講，都是說者與聽者之間的一種

知識一點通

「partner」這個詞彙在美國某些地方的用法幾乎與「friend」相同。他們會很平常地跟不熟悉的人說”How are you, friend?”，有時也會說”How are you, partner?”。partner 這個單字和 friend 一樣，都是通往成功的關鍵。

共同演出。

卡內基也曾經提到：「請把聽衆視為你的夥伴（partner）。」

那麼，如何視聽衆為夥伴，並使雙方的合作成功呢？

●把你和聽衆的關係明確化

卡內基曾在書中寫道：**「首先第一步，你必須清楚地讓聽眾知道你和他們之間的關係。」**

「我是我們高中第○屆的學生」、「其實我大學時，每天上學都會經過這家公司」、「雖然我們學校沒有你們這種精英選手，不過我當學生時也很愛踢足球」等，只要你跟聽衆有類似的聯繫，請不要猶豫，馬上說出來吧。

事實上，有沒有這句簡單的話，將會大大影響你的演說，成為演說成功與否的關鍵。

只要稍微向聽衆提示你與他之間的關聯，就能一口氣縮短你們的距離，從而產生一體感。

即使跟演講主題毫無關聯，透過一句話點出你和聽衆之間的微小關聯性，就能像變魔術一樣發揮令人驚訝的力量，將小至問候、大至演講的場合導向成功。

●向聽衆提問

在這場名為演講的共同演出中，為了**讓聽眾協助自己，卡內基經常運用的技巧是提問，並讓聽眾來回答**。

卡內基特別喜歡向聽衆提問，並讓聽衆舉手回答。

一開始，只要問最簡單的問題就可以。例如，「各位之中有生於府中市的人嗎？如果有的話，麻煩舉一下手。」然後再問舉手的人：「你家在府中的哪裡？」等那位聽衆回答自己的出生地區或是提到其他區域後，再進入演講主題。這是常用來炒熱氣氛的方式，也很有效果。

當你把話題帶入演講主題核心時，對觀衆的提問就要更複雜、更有力道。

依據主題的不同，或許也會有比較適合輕鬆討論的場合。

例如，踩下剎車後到車子實際停下來，需要花多少時間。如果用這個問題延續話題，聽完聽眾各式各樣的意見，整合意見並進行比較，檢討什麼答案較為妥當，也是非常重要且有意義的事。

如上述的例子，運用與所有人切身相關的重要問題，使講者和聽眾之間的合作成立，可以相當程度地炒熱氣氛。

6 他人無法模仿的說話方式

同樣的話由不同的人來說，「風味」也會改變

卡內基說：「有相似經驗的兩人即使談論相同的事，也常常會像在講完全不同的事一樣，給人完全不同的感覺。這個現象不只是因為兩人使用的語彙和表現方式不同，更受惠於說話者獨特的個人風味，這與說話內容無關，而是取決於說話的方式。」

卡內基又說：**「我們應該注意自己與眾不同的獨有火花，追求並培養與他人區分的個人特質。因為我們都喜歡那些說話充滿個性、富有想像力的人。」**

確實，要具備與他人不同、充滿個性的說話方式，並不是一件簡單的事情。撇除那些天生具備特殊才能的人，大多數人都被塑造成千篇一律的模樣，不然就總是在模仿他人。

但是，相當難得的，我曾經聽過一場演講，講者雖然樸素，卻具備和他人不同的說話方式，呈現出他的獨特性格。

這種他人模仿不來，能夠釀出個人特質的說話方式，到底要如何培養呢？

卡內基提出了幾項建議：

●自然的演說

「聽眾想聽的，是**自然的演說**。」卡內基說。

所謂自然的演說，是一種毫不矯飾、自然而然說出具備個人風格的說話方式。

這樣說出來的話，才會成為大家都想聽的話。

我認為確實如此。我曾經與這樣的人聊天，他的說話方式真的令人感到相當愉快。回想起來，那種說話方式正是「自然的演說」。

那麼，要怎麼做才能學會「自然的演說」？

關於這一點，卡內基認為不間斷的持續練習是必要條件。

不練習就不可能學會「自然的演說」。只是說話沒有任何想法，也不可能學會這種說話方式。

你必須累積很多在群眾面前說話的經驗，只要發現說話方式有一點不符合「自然的演說」，就馬上反省改進，並練習盡量用自己的方式，依照自己的心情來說話。

●練習如何率直地說話

首先，即使今天站在一千個人面前，也不要去思考特別的措辭或技巧，要把它當成是在和熟人閒聊，率直地說出想說的話。這是非常重要的。

如何在說話時維持自我本色？

1 停止模仿他人

2 自然說話

3 率直說話

4 看著對方的眼睛說話

POINT

卡內基認為要實現「自然的說話方式」，
靠的並不是「總覺得應該是這樣」，
而是有意識的實行。

即使是卡內基那個年代，比起陳腔濫調，人們更偏愛不加矯飾、直接的說話方式。到了今天，這個傾向又比當時更加明顯。

●說話時注視對方的眼睛

這個技巧和率直說話有關，就是在說話時看著聽衆的眼睛。

如果沒有看著聽衆的眼睛說話，很可能會陷入像是在演獨腳戲的窘境。

說話的同時看著對方的眼睛，就不會只顧自己，也不能虛僞矯飾。看著他人的眼睛說話，在某種程度上你不得不直率地面對對方，自然而然就能表現得更像自己。

有些人在看著聽衆的眼睛說話時，會覺得有壓力。

即使如此，還是盡快養成說話時看著對方眼睛的習慣。

所以，勤加練習是必要的。

第4章

卡內基式
消除煩惱與壓力的方法

如何消除煩惱和壓力，是職場人士的一大課題。
面對這個難解的課題，卡內基提出了相當明確且具體的答案——「活在今天的方格中」。
因為卡內基的教誨，我們得以在忙碌的日常生活中，
重新審視容易忘記的「原點」。

1 壓力是什麼？

成功的職場人士和家庭主婦都有壓力

剛開始工作、年紀輕輕的時候，好像什麼煩惱和壓力都沒有，但是後來壓力卻愈來愈沉重，也產生了種種煩惱。有這種想法的人，我想各位當中應該也不少吧。說不定你也是其中之一。

這些人可能隱約感覺到，隨著年齡和工作職責漸漸增加，壓力和煩惱也隨之加重。

卡內基對這份煩惱和壓力相當有興趣，並且也有重大的發現。

他在《如何停止憂慮・開創人生》一書中曾經有類似的闡述，簡單來說，卡內基提到：「我教學生在人前說話的技巧，學生都是商業人士，不管是在技能還是自信上的進展，都遠遠超越我的期待，他們不只升了職，薪水也愈來愈高。但不管是成功的商業人士、一般的上班族或是主婦，壓力和煩惱一直深深地困擾著他們。」

幾乎沒有人能夠從壓力和煩惱之中解放。

壓力、煩惱，以及不安和憂慮，這些情緒不斷困擾著每個人的內心，不管對誰來說都是一大難題，即使到了現在，仍然深深困擾著每個人。

卡內基著作中與壓力有關的暢銷書

卡內基透過接觸前來說話教室上課的職場人士，了解到大多數人受壓力和煩惱所苦的狀況有多普遍。他認為，為人們減輕煩惱和壓力，跟幫助人們在職場和生活上獲得成功一樣，都是自己的天職。

經過各種研究和調查，卡內基從幾個基礎的問題開始，如：壓力和煩惱的來源，以及這些情緒對我們有什麼樣的影響等等。

他將自己努力的成果整理在《如何停止憂慮·開創人生》一書中，這本書後來也和《卡內基溝通與人際關係：如何贏取友誼與影響他人》一樣，成為全球的超級暢銷書。

只要思考未來，就會產生煩惱

為什麼我們會有煩惱和壓力？卡內基思考了這個問題。

在這個問題上，卡內基的出發點也與常識相悖，從一個令人意外的想法開始。

「我們總是不自覺地去思考明天的事、明年的事，甚至是更長遠的、未來的事。我們希望能為未來做好準備，但正是這種生活方式，引發了種種煩惱和壓力。」這是卡內基的想法。

為什麼我們會煩惱？

POINT

卡內基式消除壓力的方法，究其本質，即為「活在今天的方格中」。

不要擔心明天或未來，同時，也不要反省過去已經發生的事情，應該把精神集中在今天能做到、今天應該做的事情上就好。

一般認為，我們應該反省過去，思索未來，並且戰戰兢兢地生活，而不應該只專注在今天的事情上。把精神都集中在今天，活在當下的人是不成熟、沒有思慮的人。卡內基顛覆了這個一般人認定的常識，並且開始思索「如何停止憂慮・開創人生」。

順帶一提，耶穌也曾經說過：「不要為明天憂慮。」

關於耶穌這句話，卡內基曾經寫道：「但是，我們卻沒有聽從耶穌這句話，總是在擔憂明天和將來的事，所以才會去買保險，為自己存款。」

買保險、存款等行為，對我們來說是理所當然的。但這份理所當然，為什麼會成為煩惱和壓力的原因呢？

各位可以去看看，那些因為煩惱和壓力而感到憂慮的人，大部分都是一些「認眞的人」。

所謂認眞的人，不就是那些會反省過去並為過去感到遺憾，總是擔心明天和未來，一直考慮各式各樣事情的人嗎？

活在今天的方格中

卡內基曾經說過一個被煩惱、壓力和種種擔憂壓垮、無法繼續行走的人，如何再次邁出步伐的故事。

他只做了一件很簡單的事。那就是把至今為止對未來的擔憂和想法全部捨棄，只在一天當中盡全力專注在復健上。這樣的日子一天天累積，最後他終於能夠再次邁開步伐行走。

如果這個人和過去一樣，總是計畫著將來要做這個、做那個，煩惱未來的事，因為擔心自己做不到該怎麼辦而操碎了心，那麼復健也就無法順利完成。

從癌症等重大疾病中痊癒的人，也大致說了類似的話：「我不再去思考過去或將來，只是希望每天都能用更健康的心情活著。」

事先模擬可能發生的最壞狀況

無論是工作或家庭生活方面，都經常會發生無法預期的危機。

當人們感覺到危機即將來臨時，每個人都會產生不安與焦慮，由於這些壓力，人們會漸漸無法做出正確的判斷，並開始焦急難耐，甚至變得難以入眠。

很多人會選擇避開這種迫在眉睫的危機，祈禱它不致於釀成大禍，只希望逃避危機即將來臨的現實。

然而，這種作法只會助長恐懼和不安，壓力也會愈來愈大。這股壓力使你愈來愈沮喪，最終很有可能不得不開始逃避現實。

這種無法預期的危機，該以什麼樣的心態來面對？卡內基在此提出一個大膽的提議。

卡內基建議，先試著想像這個危機可能帶來的最壞結果，事先進行模擬。他的意思並非只是抽象地想像會發生什麼事，而是必須盡量具體且詳盡地模擬可能會發生的事。具體且詳盡地模擬可能發生的事，代表你對事情的發展已經有了某種程度的覺悟。

一旦有了這樣的覺悟，對事情的發展有了最壞打算，你的損失就僅此而已，沒有更多可以失去的了。

只要對最壞的結果有所覺悟，就再也不會被不安和恐懼所困擾。這麼一來，你就能回到平常心，得以冷靜處理接下來要面對的危機。

「不知如何對抗憂慮的人，往往英年早逝。」

如果拒絕模擬可能發生的最壞狀況，持續逃避問題，事態又會如何演變？

你可能會愈來愈神經質，感到憂鬱，最壞的狀況是可能因此需要接受精神治療，甚至不得不入院療養。這樣不幸的人，光是卡內基自己就遇到太多太多了。

為了避免成為這種不幸的人，以下幾個應對方法，請各位確實注意：

①自問可能發生的最壞狀況是什麼？

②對自己有所覺悟，準備接受最壞的狀況。

③冷靜下來，試著改善目前狀況。

煩惱和壓力的危險性

卡內基在這裡也提出了相當有趣的例子。

當紐約出現了幾名天花的病例時，幾千個志願者開始挨家挨戶地敲門，警告紐約市民即刻施打疫苗的重要性。然而，卡內基卻認為：「今天居住在紐約市的人，十人當中就有一個正為憂鬱所苦，但卻沒有人為了警告人們小心煩惱和壓力來敲我家的

知識一點通

隨著時代演進，人們已經知道治療憂鬱症，心理治療的效果遠比單純使用藥物有效。根據美國最新醫學報告指出，不管是投藥還是心理治療，大概百分之六十的患者能夠漸漸痊癒。而接受心理治療的患者不只能夠長期維持穩定，更有實證指出，超出一倍以上的機率，患者能夠完全痊癒。

門。」

隨後，他引用獲得諾貝爾醫學獎的醫生亞歷克西・卡雷爾（Alexis Carrel, 1873～1944）的名言：

「不知如何對抗憂慮的人，往往英年早逝。」

身心為一體

距今八十年前，卡內基就警告我們，不安和煩惱的恐懼不僅使人們痛苦，更侵害著你我的健康。

他指出許多病症的原因並非只是生理上的疾病，更可能受到心理狀態的影響。反過來說，很多疾病只要稍微試著轉變心情，就有可能痊癒。這一點讓我們知道，肉體和心理是如何地密不可分，本為一體。

他援引古希臘哲學家柏拉圖的話，提到「醫生所犯的最大錯誤，就是他們分開治療病人的心理和肉體。」

卡內基在《如何停止憂慮．開創人生》一書中針對這一點提出警告，而同樣的事情也正發生在我們這個時代，甚至可以說，現代人苦於煩惱和壓力的程度，遠遠超越卡內基那個年代。

2 煩惱和壓力的基本應對方法

首先，掌握正在發生的事實

煩惱與壓力不是肉眼可見的問題，也相當微妙而模糊，在很多狀況下，我們無法馬上得知這類心理問題的成因。

若你正為煩惱或壓力所苦，第一件事情，就是先試著確認在你的生活周遭、你的身體或心理究竟產生了什麼樣的變化。

如果沒有確認實際導致壓力的因素，任憑自己沉浸於煩惱當中，煩惱就會在不知不覺中增長。接下來，你的心就會受到比原來更加嚴重、無止盡的折磨。因為心理的問題相當曖昧難解，如果放任不管就會愈來愈嚴重，這就是煩惱跟壓力的恐怖之處。

卡內基意識到焦慮和壓力的恐怖，因此提出了相應的基本對策。第一件事情，就是盡量客觀明確地掌握更多的事實狀況。

他寫道：**「如果能用公平客觀的方式，專注於了解事實，那麼大部分的煩惱都可能因此得到消解。」**

但是，問題並沒有這麼簡單。因為即使認為自己掌握了事實，但當我們面對自己時，容易避開對自己不利的事實，只看到對自己有利的那一面。

我們必須認識到每個人都存在此一弱點，盡可能不讓自己受到情緒影響，客觀地分析事實現況。

卡內基提出的方法，便是希望你能成為自己的法官，即使是對自己不利的事實，也要盡量去了解面對。

掌握事實後，思考自己可以做什麼並寫下來

光是掌握事實還不夠，你必須針對已經確定的事實，做進一步分析。

卡內基提議寫下你已經掌握的所有事實。因為，只要能好好寫下問題，事情可能就解決一半了。

- 首先，寫下已經掌握的所有事實。
- 審視剛剛寫下來的事實，仔細思考過後，針對已知事實，寫下你辦得到的解決辦法。
- 從辦得到的清單中決定自己要怎麼做。
- 這個選擇就是你所做的決定，決定之後不要猶豫，立刻去實行。

對於那些已經進入實行階段的人，卡內基建議，無論如何都要盡量保持忙碌。

像是處理繁瑣的家事、整理相簿、參加社區活動等，總之**讓自己忙於工作，進入「忙到沒時間煩惱」的狀態**就好。

人類無法同時分心思考，煩惱兩件不同的事情。所以，不要逼迫自己忘記煩惱和壓力的原因，只要讓其他事佔據你的全副心思即可。這麼一來，煩惱和壓力的來源也會漸漸遠離你的心靈。

消除那些使你受到煩惱和壓力所苦的習慣

卡內基認為，過度煩惱和苦於壓力等症狀，有部分可能是個人習慣所引起的。這些習慣的其中之一，就是太過在意不重要的小事。

例如，有一個主婦招待客人到家裡吃晚餐時，注意到桌巾和餐巾紙的圖案不搭，整個晚餐從開始到結束，她都因此心神不寧，導致她完全沒有享受到此次的聚會。可是對客人來說，餐桌上的料理很好吃，和眾人聊天也很開心，根本沒人注意到餐巾紙

知識一點通

卡內基的母親即使生活貧困，也過得很幸福。她是虔誠的基督教徒，因此不管多窮困都不會忘記感謝主，活得非常開朗快樂。卡內基看著這樣的母親以及她的生活方式，便更加感覺到宗教力量的神祕之處。

面對並處理煩惱和壓力的方法

①掌握事實

蒐集所有包含不利的事實。

↓

②分析事實並寫下來

不要只用想的，「寫下來」。

↓

③製作「自己能做什麼」清單

從清單裡選擇自己做得到的事情。

↓

④實行清單上的項目

無論如何讓自己保持忙碌，忘卻煩惱。

POINT

不要只是沉浸在煩惱當中，
公平客觀地面對問題才是最重要的。

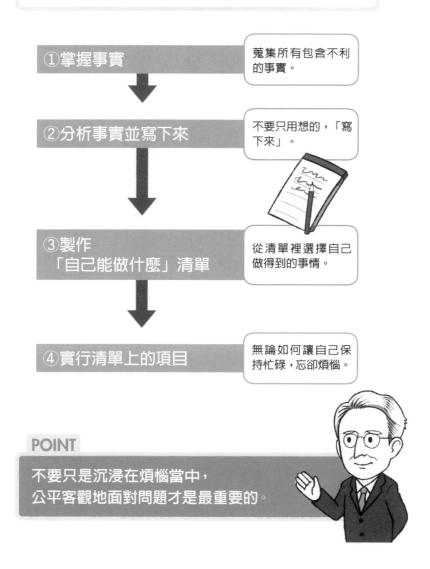

是什麼圖案。

人們經常會跟這位主婦一樣，因為一件根本沒人注意到的小事煩惱一整天，例如領帶的圖案跟襯衫不搭、春天還穿冬天的衣服出門等，這種人就是被自己過度重視小事的習慣給困住了。

另外，卡內基小時候經常因為想像「可能會被活埋至死」這種不太可能遇上的恐怖遭遇，害怕到哭出來。

隨著年歲漸長，這種幼稚的想像跟恐懼也慢慢消失，然而因為想像未來會發生某種慘劇而感到恐懼的小孩，並不只卡內基一個。卡內基說，「大部分的人都像小時候的我一樣，想像著不太可能發生的事而感到恐懼。」

就像小時候的卡內基一樣，這種荒謬的想像成為一種習慣，使得保險業者得以藉此大賺一筆。也就是說，其實有很多人就像卡內基所說的，「為了不確定的將來而感到不安」，並且深陷在這個習慣中而無法自拔。

3

接受無可避免的事實

接受無可避免的事實並盡力配合

看到這裡，各位是不是覺得「卡內基果然是美國人耶，他總能保持樂觀正向，不像我們總是馬上放棄，怕被捲入麻煩。遇到不合理的事情，卡內基會為了改善情況而盡力而為。」

雖然卡內基有這樣的先驅者靈魂，卻也會說出：「遇到無可避免的事時，就坦然接受，並盡力配合吧！」

不需要卡內基提醒，我們都知道生活中確實充斥著想改變也無法改變、無可奈何的種種事實。當我們不得不面對這些事實時，卡內基認為「我們只有配合的份」。

卡內基在此引用了美國心理學之父，哲學家威廉・詹姆斯（William James，1842～1910）的話：**「接受事實是克服不幸的第一步。」**

面對已經發生的事實，或是社會中已然存在的規範，即使你再怎麼不願意，也只能接受。而且你不應該僅止於接受，還要學習柳樹的柔軟，而非剛硬的橡樹，無論身心都放軟，主動配合那些你原先不樂見、不喜歡的事實。

卡內基的想法看似理所當然，然而實際在社會上打滾的人，特別是那些容易過度煩惱或苦於壓力累積、容易跟旁人起摩擦的人，更需將卡內基的建議銘記於心。

生活習慣、工作習慣，至今為止你的生活、周遭的人們等等，大多數都是即使想改變也「無能為力的事」。如果遇到這種「無能為力的事」，就想想卡內基的建議吧！

「別為打翻的牛奶哭泣。」

Don't cry over spilt milk.（別為打翻的牛奶哭泣）

這句話的意思，大致和一句諺語「覆水難收」相同。但這句「別為打翻的牛奶哭泣」更生活化，也更有臨場感。這句話的意思是在告訴我們不要一直為了已經發生的事情煩心；然而對於某些容易陷入煩惱或累積壓力的人來說，他們總是糾結於已然發生的既定事實，並且這種人還為數不少。

所有人都知道這句諺語的涵義以及它的重要性，但就像卡內基所說，事實上有更多的人「一直在為打翻的牛奶哭泣」。

我們的確無法做到在面對所有事時都瀟灑說一句：「都已經發生了，一直煩惱也沒有用。」然後輕易地把那件事忘記。

但如果一直糾結於已經發生的事，將會變得猶豫不決，不只無法減輕煩惱，更可能使煩惱日漸加深。在煩惱的蠹蟲腐蝕內心之前，你必須徹底阻絕它們。

別糾結在不存在的東西上

「別糾結在不存在的東西上」，為了呈現這句話，卡內基有個很有趣的說法。

"If you have a lemon, make a lemonade."（如果你只有檸檬，就做杯檸檬水吧），檸檬在這邊除了有假貨的涵義外，也影射沒有魅力的女性，同時也有不貴重的意涵。

我認為這個說法和「別糾結在不存在的東西上」相當吻合。

那些在日常生活中經常累積煩惱和壓力、無法輕易擺脫痛苦狀態的人，總是在手邊只有檸檬的時候想著鳳梨汁，而不願意接受檸檬水。

也就是說，他們一直「糾結在不存在的東西上」。

不過，所謂的「糾結在不存在的東西上」是什麼意思呢？

兩個沒有受過大學教育的年輕人都在居酒屋工作。其中之一總是想著「如果我能上大學，甚至上一流大學的話，現在就是在大公司上班的社會菁英了。」不情不願地在廚房做著自己不喜歡的工作。

如何應對「無能為力的事」

無可避免的事 → **接受它**

- 他人、社會習慣
- 過去
- 天災 等

可以避免的事 → **採取行動**

- 與他人之間的摩擦
- 受傷、意外事故
- 自己的不小心 等

POINT

**不為既定事實和小事糾結，
才能走上實現夢想的道路。**

這個年輕人總是跟客人起衝突，跟居酒屋裡的同事也處不好，相當煩躁。

另一個人接受了他不能上大學的事實，從不假設如果自己有上大學的話會怎麼樣，他在居酒屋工作時學習到如何料理，督促自己學習如何做生意，他一邊夢想著將來要開一家自己的店，每天開朗又精神奕奕地在自己的工作崗位上努力。

這兩個年輕人誰的煩惱和壓力比較小，大家應該都了然於心。至於五年、十年後誰成功的機率較高，我想不用說，大家也都很清楚。

從很多為了育兒而充滿煩惱和壓力的母親身上，我們也經常看到許多人「糾結在不存在的東西上」。孩子不可能每個都會念書，擅長運動，也不可能都有彈鋼琴的天分。每個孩子都有不同的個性，他們是千差萬別的不同個體。若要和其他孩子比較，不管是哪個孩子都有不足之處吧。

壓力大的母親總是覺得自己的孩子哪裡比不上別人，卻沒有辦法像接受個性不同一樣，去接受每個孩子的不同之處。

4

了解自己

開始研究自己

卡內基試圖說服讀者「做自己」的重要性。

有一次他收到一名女子的來信，女子在信中寫到，在她還不瞭解自己的時候，不管做什麼都在模仿別人，當然這並沒有帶來好的結果，甚至使她陷入了悲慘的困境。

然而，當她開始了解自己之後，整個人就如同脫胎換骨一般，徹底地改變了。

那名女子透過研究自己，尋找自己的優勢，並探索自己究竟是什麼樣的人。

她這麼說道：「我現在非常幸福。在那之後，我遇到任何人都會告訴他們，**無論如何，永遠做你自己。**」

卡內基認為，想要成為別人的衝動相當普遍，而且這種症狀在好萊塢的世界裡尤其嚴重。

當然，這種想要成為別人的欲求，一般人也常有。

卡內基本人承認，自己年輕時就曾經困於想要成為他人的衝動，並深受其苦。

所以卡內基非常了解，試圖成為他人是多麼愚蠢、多麼徒勞、多麼使人感到疲憊與空虛。

只要我們回顧自己，就會同意不管是多平凡的人，都會在日常生活的每一個瞬間，產生想要成為他人的衝動。然而重要的是，當你試圖成為他人時，就等於不認同自己。

不認同自己、不正視自己，甚至想去模仿其他人，這不只是疲憊，更是徒勞無功的空虛行為。

更甚者，若深陷這種幼稚的慾望，不只無法與他人順利溝通，在工作或日常生活當中，都會感到無邊無際的壓力。

你能確定自己永遠會是自己嗎？

不要關注缺點，找出你的優點

卡內基說：**「我們生活中大概百分之九十進行得很順利，只有百分之十是有問題的。如果想要消除煩惱和壓力，得到幸福，只要專注在百分之九十的好事上即可。」**

我們擁有許許多多的優勢，就潛藏在這百分之九十當中。相反地，我們或許也能從剩下的百分之十裡，發現自己厭惡、糟糕或錯誤的一面。

按理來說，我們應該將較多的注意力放在那百分之九十的優勢，而非百分之十的錯誤上，因此在一般狀況下，我們應該為此感到幸福。

然而不知為什麼，有些人總是將目光放在錯誤的百分之十上。永遠在細數自己糟糕、錯誤和厭惡的部分，永遠苦於後悔和自我嫌惡。

即使這個人的生活本身並未惡化，卻對自己的優點視而不見，只看到自己不好的那一面。

另外，通常不會如此消極的人，也有可能因為工作不順利、家庭失和等原因而失意，突然忘記了自己所有好的部分，只看到自己錯誤的一面而陷入自責。

這也印證了卡內基所說，是內心軟弱的結果。

當你意識到自己陷入自責的淵藪，請試著拿出勇氣，一一去細想自己的優點。你應該會發現，你的優點遠比你認為的多上許多。

為了「做自己」

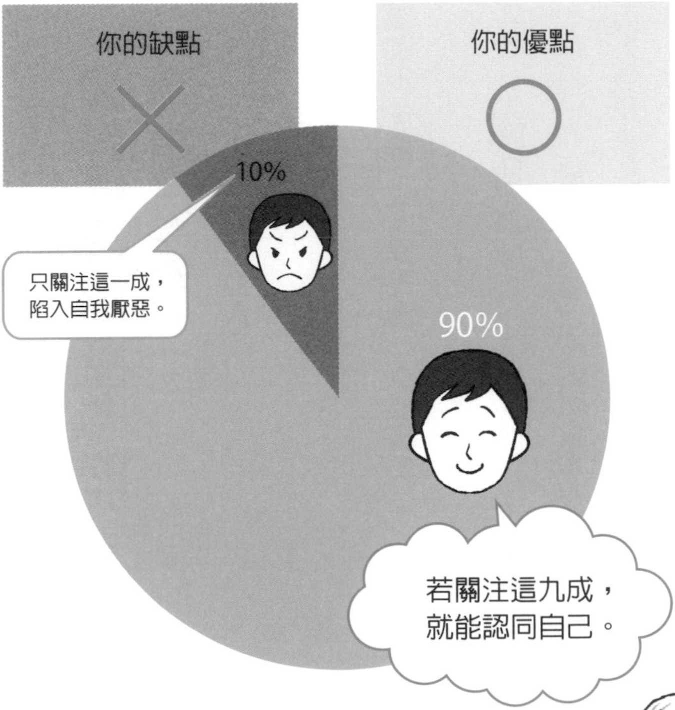
你的缺點
你的優點
10%
只關注這一成，
陷入自我厭惡。
90%
若關注這九成，
就能認同自己。

POINT

任何人都有「想要成為他人」的衝動。然而卡內基認為那終究只是徒勞。

5 減輕疲倦與壓力的簡單方法

■在「疲倦前」休息，不要等到「疲倦時」

卡內基倡導一些簡單又實用的方法來減輕疲勞和壓力。其中之一即為「在疲倦前休息」。雖然最理想的說法應該是「在疲倦發生前就休息」，卻又因太過理想化，讓人不禁想起了哥倫布立蛋（編注）的故事。

二次世界大戰時，在德國攻擊下守住英國的邱吉爾，還有發明家愛迪生等人，都因其不知疲倦、努力工作的作風聞名。然而事實上，他們並不是不會累，而是在疲倦之前就休息，再繼續他們的工作。

聽說他們只要稍微感到疲倦，一天當中不管幾次，都會躺下來閉目養神，或是稍微打個瞌睡，讓自己盡量維持在不疲倦的狀態下持續工作。

卡內基還舉了一個實業家的例子，這個實業家一直以來，都保持每天中午在辦公室小睡半小時的習慣，後來還活到九十八歲高齡。

在疲倦之前先休息一下，這似乎相當合理，然而問題是，如果工作時也採取這樣的作法，是否真能確實完成應該完成的工作？

這是任何人都會思考的問題。

不過，**根據卡內基的說法，疲倦之前休息一下再繼續工作，不只效率高，就結果來說，也能完成比平常更多的工作。**

這個方法不只對腦力勞動有效，對肉體勞動也很有效。根據一項調查，在疲倦之前休息一下再繼續工作的勞動者，與感到疲倦仍繼續工作的勞動者相比，前者一天達成的工作量比後者高出三到四倍左右。

卡內基寫道：「心臟看似全天候在工作，實際上一天平均只工作九個小時。」對我們來說，要做到「在疲倦之前休息一下」可能有其困難，但正因為我們身處忙碌的現代社會，才更該認眞考慮這個方法。

或許你會感到意外，但實際上似乎已有不少讓員工在「疲倦之前先休息（小睡片刻）」的公司存在。

向他人訴說煩惱

卡內基活躍的時代，也是心理諮商開始在美國愈來愈普及的時代。

卡內基將目光放在向自己信賴的人傾吐煩惱的療癒效果。他發現當事者不只在精神上得到療癒，就連身體上的疲憊也消除了。

例如因為慢性頭痛、胃痛或肩頸痠痛而煩惱的人，在接受心理諮商後，透過將煩

疲倦之前先休息一下

POINT

如果想減輕疲勞和壓力，
就從改變休息方式來提升效率吧！

惱與他人分享，使身體的痛楚得到緩解。

做好清潔、整理

卡內基認為「良好的工作習慣」，第一個就是「做好桌面的清潔與整理」。養成這個習慣除了能夠提高工作效率，還有其他功用。可能很多人會感到相當意外，然而**不好好整理周遭的人，通常也會有容易累積煩惱和壓力的傾向**。

如果不想因為煩惱和壓力累積過度而變得憂鬱，第一件要做的事，就是從整理自己的桌面、櫥櫃等工作環境開始，絕對不要閒置應該處理的工作，必須留心並按照順序依次完成。

沒有辦法好好整理周遭的人、無法按照順序完成應該處理的工作的人，事實上大多有強烈的憂鬱傾向。如果放任這項缺點，最終真的陷入憂鬱的例子也所在多有。

如果累積了相當的壓力與疲勞，沒有精神，心情鬱悶卻無計可施，卡內基建議，**試著積極地透過行動去幫助他人吧**。

逗同事開心也好，或是向鄰居伸出友善的援手，甚至去參加志工活動也可以。

等待某人將你從沮喪的情緒當中拯救出來、期待某個刺激的事件鼓舞自己的神智、藉著酒精短暫地振奮精神……與其沉溺於此，不如從自己開始，積極地與周遭的人或世界互動，藉此喚起沉睡在內心的能量與嶄新的力量。

就像卡內基指出的，當人們為了他人而非自己採取行動時，就能湧現出一股力量，使得我們精神奕奕、神采飛揚。

或許，這是因為人類乍看之下是只在乎自己的、利己的存在，但是究其本質，在無意識的內心深處，人類仍然期望能維繫物種的繁榮。

如果我們內心深處不存在為他人著想的本質，人類也不可能在地球上開枝散葉、

關鍵字：志工

「志工」（volunteer）在英文當中，是「自發的」的意思。這個字原先的意思，就是指為了他人而採取的行動。除了本來的涵義之外，現實中，學校把志工服務視為課程的一部分，讓學生在學校裡參與志工活動，使其成為了一種義務。

繁盛繁榮到現在這個地步。

相反地，如果我們永遠只想到自己，只追求自己的微小利益，煩惱和壓力也會隨之累積，並經常使我們墜入沮喪與憂鬱。

當你感到疲憊、心情鬱悶難以紓解時，請一鼓作氣踏出第一步，試著為他人做些什麼吧。

即使只是為他人祈禱這種小事也好，你立刻就會覺得心情輕鬆多了。

編注——哥倫布發現新大陸後聲名大噪，貴族們十分不服。哥倫布並不生氣，拿起一顆煮熟的雞蛋，問他們誰能把雞蛋立在桌上。貴族們沒有一個成功。哥倫布拿起雞蛋在桌上輕輕一磕，雞蛋便穩穩地立在桌上。貴族們譏笑：「這樣誰不會？」哥倫布說：「當我做出來後你們都說很容易，可是我還沒這樣做時，你們怎麼誰都不會？」

第 5 章

卡內基式
成為優秀領導者的方法

卡內基雖然沒有出過「領導」主題的專書，
但是他在很多著作裡都提到過如何當一個「好的領導者」。
他認為理想的領導者絕對不會虛張聲勢，或是因權力而動搖，
是一個永遠不忘關照不順遂的人及弱勢者，溫暖的上司。

1 關懷下屬，受下屬敬愛

受下屬敬愛的查爾斯·舒瓦伯

卡內基在談到領導者時，總是反覆提到兩個人：一位是商界傳奇查爾斯·舒瓦伯，他任職於美國鋼鐵公司時的一九二〇年代，年薪便高達一百萬美元，後來甚至自創世界第二大的鋼鐵公司；另一位則是美國的傳奇總統林肯。

卡內基好幾次都提到舒瓦伯對下屬是多麼地關懷照顧，而下屬也十分信賴敬愛他。

例如，如果下屬在「請勿吸菸」的警告標示下吸菸，**舒瓦伯不會斥責「你不識字嗎？」，反而是遞給下屬一根菸，並告訴對方：「如果你可以到外面吸菸，我會很感激的。」**

「你能不敬愛這樣的人嗎？」卡內基甚至寫下這樣的話。

卡內基不斷強調，要在人生、工作上取得成功，受人敬愛是非常重要的。做為一個領導者，不只要能帶領他人，更要受到眾人愛戴，這一點比什麼都重要。

如果要在職場上成為一個具有領導力的優秀上司，沒有下屬的敬愛更是不行。

為了使組織運轉得更有效率、更順暢，上司不能只有好的想法和幹勁，還必須讓下屬發自內心地協助你。如果沒有下屬的協助，一切都只是空談。

林肯總統孤獨的決斷

南北戰爭即將結束時，北軍一位將軍犯了一個大錯，幾乎可說是不可原諒。在能夠打敗敵軍的絕佳時機，這位將軍卻猶豫不決，錯過了給予南軍致命一擊的機會。

林肯總統因此寫了一封信給這位將軍，指責他作戰不力，毫無決斷的能力，同時提到他將有的責任問題。然而，林肯總統只有寫下這封信，並未真的將它寄出。

為什麼林肯總統不寄出這封信呢？

可能的原因有很多，但不管答案是什麼，都僅止於推測。

林肯總統當時或許這樣想：「事情已經發生了，指責下屬讓他灰心喪志也沒有任何幫助。我的確想罵他一頓，但是比起責罵他，更重要的是讓他今後能夠更努力地為我效力。」這是可能性最高的推測吧。

林肯總統在美國內戰時期，不僅必須做出孤獨的決斷，更時常關心下屬的心理

如何成為理想的上司？

POINT

卡內基認為，責罵對教育下屬沒有任何幫助。

狀況。

上述這兩個人，正是卡內基心目中理想領導者的典範。

我們可以看出，能夠建立互信互愛的上下關係，並具有維持與發展該關係的能力，正是卡內基心目中理想領導者的必備特質。

2 先表達你的讚賞和感謝之情

大大稱讚下屬的優點

假設今天你領導一個組織，或者你是公司的領導人或幹部，必須教育並率領員工、活化組織，領導公司朝著你設定好的方向前進。

此時，你的下屬，也就是員工們是否有幹勁，將是最重要的因素。沒有幹勁的員工只會妨礙組織的前進與成長。

那麼，怎麼做才能讓下屬充滿幹勁與活力？

責罵？威脅？當然都不是。

針對這個難題，卡內基舉了一個例子，而且說明相當有趣。

他舉的例子是訓練狗的方法。**馴犬師在訓練狗的時候，絕對不會責罵，也不會鞭打牠們。訓練狗的時候，只要狗稍微記住要做的事，馴犬師就會馬上稱讚狗，同時溫柔地撫摸，並給牠們食物當作獎勵。**

這種訓練方法並不新，馴犬師一直以來都是用同樣的方式進行訓練。可想而知，這套方法對於訓練狗相當有效。

卡內基認為：「在教育人的時候，最好也用同樣的方法。」

也就是說，發現下屬的缺點或毫無幹勁時，先不要責罵他，必須學習馴犬師的做法，只要下屬稍微做對事，就立刻讚美他，如此一來，下屬就能一直充滿幹勁。

別人的一句稱讚是如何改變自己的人生，卡內基自己也曾有過類似的經驗。

把訓練狗和指導人拿來相提並論，可能會有人覺得怪怪的，但是這種思維方式在

教育下屬和訓練狗的原理相同

同樣的方法可以應用於教育下屬。

POINT

卡內基向領導者說明「讚美」的重要性。

馴養動物擁有悠久歷史的歐美國家，似乎相當普遍。

除此之外，卡內基也寫下許多例子，講述人們受到稱讚後將才能發揮得更淋漓盡致。套句卡內基的話，歷史上充滿著因讚美而發揮巨大作用的案例。

對待下屬，由讚賞和感謝開始

指導下屬時，也不能只是一昧的稱讚他。

在監督下屬工作狀況時，你可能發現自己需要頻繁地糾正他。卡內基建議先盡可能地稱讚下屬的優點，充分表達你對他的感謝後，再糾正他的錯誤。

卡內基舉柯立芝總統（John Calvin Coolidge, Jr., 1872～1933，美國第三十任總統）為例，柯立芝總統要給祕書建議時，先是稱讚祕書美麗並具有良好品味，然後才說出自己的建議。

當他人先稱讚自己好的一面後，不中聽的話也變得容易接受了。

麥金利總統（William McKinley, 1843～1901，美國第二十五任總統）在為撰稿人修正講稿時，會先提出那篇講稿的優點，稱讚撰稿人的書寫功力後，再告知對方「不過這次的稿子有些地方不太合適」，請對方再次協助修潤。

美國的領導人對於身旁的人以及下屬都十分關懷禮遇。

要在美國這樣競爭激烈的社會中生存並踏上頂點，必須具備能夠細心體察他人的敏銳與韌性。

不只是在美國，就算在所有地方，這也是成為優秀領導者的必備特質。

3

指導下屬時請親身示範

「今天一起打掃吧！」

卡內基認為，當領導者發現工廠的清潔人員表現不令人滿意，與其責罵他們「喂，好好掃！」不如與他們相約：「今天一起打掃吧！」讓自己成為清掃模範，示範如何打掃才能令人滿意。這麼一來，清潔人員也能在之後完美地完成掃除工作。

類似的事，我們所處的工作現場可能每天都會發生。

在帶新人時，不管是什麼工作的管理階層，都會手把手地進行實地教學。

問題在於，當下屬的工作狀況無法讓你滿意時，即使嚴厲地斥責，或是用命令的方式，大多並不管用。

卡內基認為在這樣的狀況下，不需要斥責或是命令式的語言，重要的是身為上司的你必須親自示範，讓下屬知道你的理想工作模式為何。

指責下屬的過失時，先從自己的過失開始談起

身為一個上司或是組織的決策者，在必要的時刻不得不指出下屬的過失。

遭遇類似狀況時，上司或公司決策者該如何應對，是卡內基思考的一個問題。

他也針對這個問題，提出獨特的想法與處理方式。

當卡內基的年輕祕書犯錯時，他是這樣糾正對方的：「妳犯了一個錯誤。不過我以前也是，一路走來犯下不少錯誤。」

另外，卡內基還舉了另一個例子，一位加拿大工程師，他在祕書發生拼寫錯誤時對她說：「我自己也常常拼錯這個字呢。」藉此指出祕書的錯誤。

根據卡內基所說，比起毫不顧慮下屬心情，單方面指出錯誤的做法，這樣指出下屬的錯誤，更能引導下屬在往後的工作中取得好的成果。

如果毫不考慮下屬的心情一味指責，可能使你和下屬之間的關係產生難以化解的心結，在未來的某些情況下，可能會因此為組織招致無法挽回的局面。

當下屬犯錯時

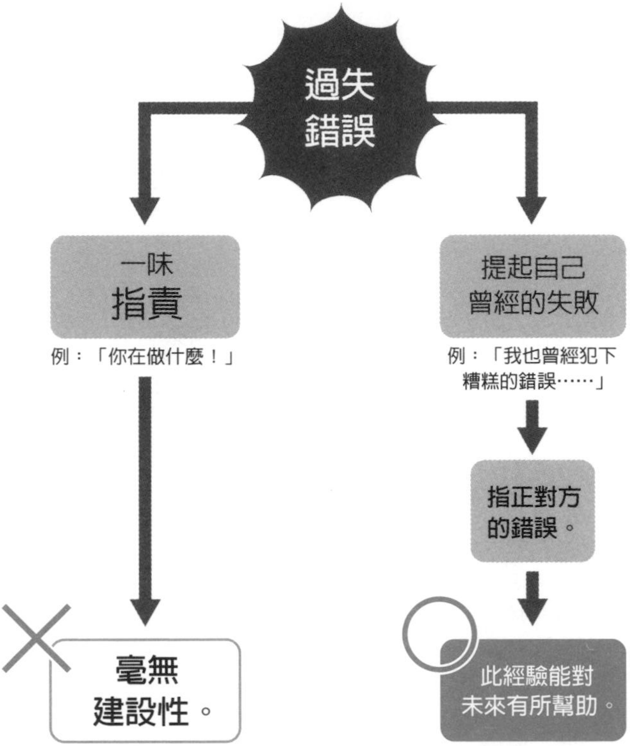
過失
錯誤
一味
指責
例：「你在做什麼！」
毫無
建設性。
提起自己
曾經的失敗
例：「我也曾經犯下
糟糕的錯誤……」
指正對方
的錯誤。
此經驗能對
未來有所幫助。

POINT

卡內基建議，領導者可以主動提起自己過去的失誤，以自身為例引導下屬。

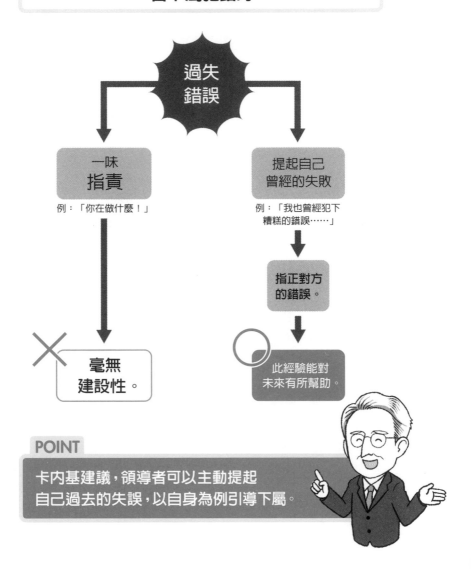

4 溫言對待工作不順遂的人

保留他人顏面

「留個面子」這個觀念，不知為何讓人感覺相當守舊，一般認為美國為此操心的人並不太多。然而，身為美國代表的卡內基認為，**為對方「留個面子」是能夠維持良好人際關係的重要因素**。

卡內基在這邊提到了一個來說話教室上課的女學員的故事，故事是關於她的老闆如何為她保留面子。

這個女學員是一家食品公司的市場調查員，當她著手一項新企劃時，她在市場調查中犯了致命的錯誤，致使她不得不從頭再來一次。

當她在會議上報告調查結果時，她強忍淚水，帶著被老闆怒罵的覺悟，她只能說因為自己離譜的錯誤，導致不得不重新進行市場調查，因此完整的報告必須等到下次會議才有辦法提出。

聽完她的報告，在所有同事面前，老闆是如何回應的呢？怒斥她嗎？還是挖苦她？

結果當著許多重要幹部的面，老闆說道：「這類錯誤在開始一項新企劃時很常見，相信下次開會時，妳會為公司送上一份正確的報告。」

「那次會議後，我在心中發誓為了這個老闆，我一定要全力以赴。」那位女學員如此說道。

這個例子說明了若要維持良好的人際關係，使關係中充滿愛、誠意與信任，為他人保留顏面是有其必要的。

事實證明，如果能在這樣的上司底下工作，下屬也會產生「為了這個上司我要全力以赴」的心情。

相反地，如果完全不顧下屬的面子，總是毫不在乎地踐踏他們的自尊，那麼上司和下屬之間將會失去愛、誠意與信任，這份關係也會變得冷淡。人與人的關係一旦冷卻，就幾乎不可能再次回溫了。

面對不順遂的人釋出誠意

「炒員工魷魚很不愉快。但是，被解雇的那一方更難受。」

卡內基曾經收到一封來自在人事單位任職的人的信，這便是當中的一句話。

告知員工你被解雇了，這的確是相當令人難受的工作。然而，被解雇的那一方卻更加煎熬。

面對不順遂的人請釋出誠意

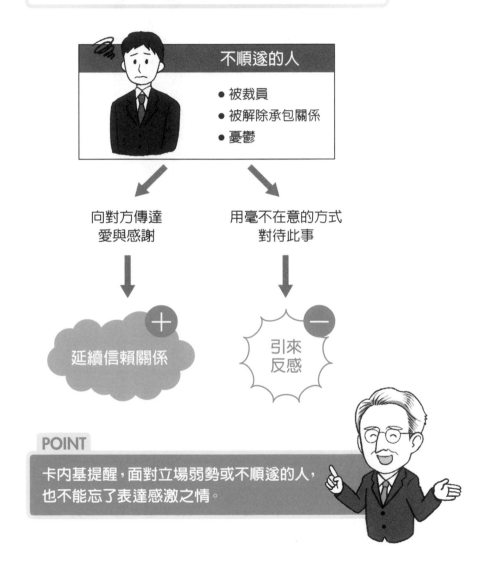

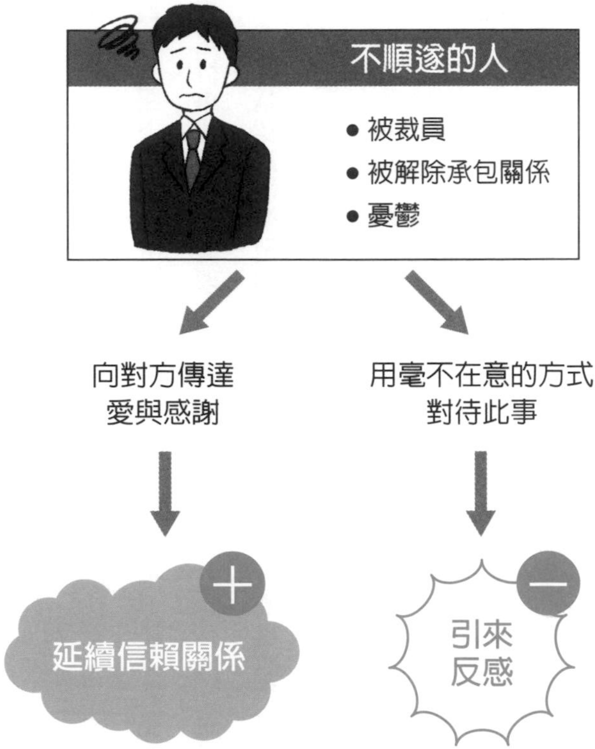
不順遂的人
● 被裁員
● 被解除承包關係
● 憂鬱
向對方傳達
愛與感謝
用毫不在意的方式
對待此事
延續信賴關係
引來
反感

POINT

卡內基提醒，面對立場弱勢或不順遂的人，也不能忘了表達感激之情。

告知一直以來定期合作的承包商，今後不再持續合作關係，或是不再需要他們的商品，與發出解雇通知同等困難。

終止關係的那一方必定不好受，然而，被告知的那一方更是有苦難言。

解雇員工、跟下游業者解除合作關係……這種職場上難以避免的職務，不能只是用一切依規定行事的態度來處理，而是必須考量到對方的心情，向對方釋出最大的溫情與誠意，卡內基認為能夠做到這一點的人，才是貨真價實的領導者。

面對那些不順遂、不得不離開你的人，也必須向他們表達你的愛與感謝之情。

即使這些人現在並不順利，你也不清楚未來是否會在某些狀況下跟他們建立新的關係或需要他們的幫助，他們也可能在你不清楚的其他場合中談論到你。

若不表達愛與感激，不管是什麼樣的人，都可能在你看不見的地方反咬你一口。這一點請千萬牢記。

5 命令無法驅動任何人

讓對方不是因為命令，而是自動自發去做

根據卡內基的說法，歐文．楊（Owen D. Young），一位成功的美國實業家、商人、律師和外交官，從未以「做這個、做那個」、「別做這個、別做那個」等語氣命令人。

與其直接命令人，楊總是用發問的方式驅使他人行動，例如：「這麼做你覺得

如何？」、「如果那樣做，我覺得會很順利，你怎麼想？」或是「你怎麼看這個想法？」

當人們接收到的是一個問題，而非單方面的命令時，他們會先自行思考，再去執行楊的提議，他們並不認為這是楊的命令，而是自己要去做的事。

任何人都不喜歡被命令。

一味命令會傷害他人的自尊。自尊心受到傷害的人，會對命令自己的人懷恨在心。學生為了反抗老師的命令變得叛逆、員工為了反抗上司的命令而打混摸魚……卡內基反覆提到這種懷恨在心的人有多可怕。

如果想成為一個好上司、好主管，就不能做出讓下屬或追隨者懷恨在心的事。

讓對方高高興興地去做

一次世界大戰時，美國國務卿認為自己必須以和平大使的身分前往歐洲，然而美

知識一點通

身為心理諮商師，我經常能體會到這種恨意有多恐怖。我曾經見識一個明明相當有才能的社長，因為隨意對待員工，而遭到團結員工的罷黜；也曾經遇過一位因為兒時經常霸凌弟弟，而慘遭殺害的兄長。

與其命令，不如賦予地位

我希望你成為
「○○專案的領導人」。
我知道了。
授予權限

反正你做這個就對了！
真討厭……
命令

POINT

沒有人喜歡被命令。如果有一項工作希望對方去做，給對方同等的回報相當重要。

國總統卻決定讓他人擔任使者並前往歐洲。

面對失望的國務卿，那位即將銜命前往歐洲的人，對國務卿說出相當耐人尋味的話：

「如果你去歐洲，勢必會引起過度的關切。大家會猜測他為什麼要去歐洲……」

他的話讓國務卿徹底釋懷了。

我想各位在歷史上曾讀到，過去的國際聯盟（League of Nations）雖然受到美國總統伍德羅．威爾遜的提倡，然而美國後來卻沒有加入該組織。各位知道為什麼會發生這麼奇怪的事情嗎？

威爾遜總統當然也希望美國加入國聯，然而他在進行事前交涉時，陪同前往的並非共和黨或參議院的大人物，而是默默無名的小輩。後來，被晾在一邊的大人物因為不滿，開始阻擾總統為加入國際聯盟而發起的議案，終究導致美國無法加入國際聯盟。

不管是身為領導者的國務卿還是參議院議員，都是有脾性的，任性又自我中心，玻璃心的程度出乎人意料。

卡內基建議，如果希望自己的下屬花時間執行一項困難的工作，那麼請先賦予他對等的職位和頭銜。

如果沒辦法提供課長的頭銜，那麼或許讓他當「代理課長」；如果沒辦法給他店長頭銜，至少給他「副店長」的職位。

如果因為公司規定，無法提供類似頭銜，請印製「臨時代理課長」的名片，並請對方在這半年期間使用這張名片。

或許你會覺得這種作法幼稚單純。

然而，就如同卡內基所說，我們跟剛剛提到的國務卿和參議院議員一樣，既幼稚又單純。思及此，實在沒有理由不好好利用這份幼稚和單純。

6

如何面對並處理他人的批判、背叛和不知感恩

優秀的領導者也會遭受背叛

身為一個領導者，無論多麼出色，都不得不面對一個問題，那就是下屬或其他追隨者不知感恩的舉動和背叛行為。

世上和歷史充滿了背叛和忘恩負義的行為。

耶穌治好了許多病人，但是感謝祂的人卻寥寥無幾。

經常稱讚員工的社長、在課堂外熱心教導學生的老師、親切對待兒女和孫子女的祖母、不時請客人吃東西的老闆、薪水微薄卻願意為窮人辯護的律師……等，在這個世界上，有許多這種善意對待他人卻不被感激的人。

「感謝是一種文明又高尚的行為。在不入流的群體當中，我們不會看到這種高尚行為。」

「期待他人的感謝雖是人性的一部分，卻是一種錯誤的期待。不要去期待他人的感謝，單純追求與人為善的快樂，不是更好嗎？」

卡內基寫下了這些話。

不因無根據的批評受傷

如果你是一位負責人、領導者、社長或上司，多少會遭到一些批評。

批評大多毫無根據，即使有根據，大多也只是「好吧，在理想的狀況下可能是這樣」這種程度的批評而已。

然而，即使是這種根據薄弱的批評，如果被頻繁地侵擾，不免也會感到痛苦。

話雖如此，假如想成為一位成功的領導者，就絕對不能輸給這種枝微末節的批評與攻擊。

雖說不能輸，仍必須正面接受這些批評，反駁是愚蠢的做法，只會被捲入既麻煩又無意義的鬥爭，搞得疲憊不堪，內心更加痛苦。

該如何面對這個問題？

卡內基提到：**「根據薄弱的批評是變相的讚美。他們只是對你的出色成就既羨慕又嫉妒罷了。」**

確實如此。

人們會批評工作失敗、失業，又無家可歸的人嗎？只會用輕蔑的同情眼光看他們，又或是根本無視他們吧。

所以，你大可這麼想：「那是在稱讚我吧？」然後將毫無根據的批評視作一種

批評是受到認可的證明

領導者
帶著感謝的心情接受
嫉妒
反駁
批評
為什麼他可以……
我覺得不對。
那個想法很奇怪！
下屬

POINT

身為領導者一定會受到他人的批評，接受這些批評可以讓你成為更傑出的人。

讚美。

誰都會犯愚蠢的錯誤

每個人都會犯愚蠢的錯誤。

無論地位多高，沒有人是完美的。只要能這樣想，批評本身就是對自己的一種幫助，這麼一來，即使是批評你也能歡迎。

事實上，我們總是不斷在犯無聊的錯誤。

只要這麼想，那些批評也變得理所當然，而且一個人完全不受批評，難道不會覺得奇怪嗎？

雖說是批評，其實就像在告訴你，你也是凡人，跟其他人沒什麼差別。

無論是誰、不管做什麼，就算沒人稱讚，也一定會受到各種批評。事實上這種天外飛來的批評，也經常可能是成就未來的重要糧食。

當你受到批評時，只要想著「誰都會犯下無聊的錯誤」，然後像軟墊一樣溫柔地承受這些批評。要大氣地接受，並將批評轉換為下一次的機會。

如同卡內基告訴我們的，所謂的批評，是成為傑出領導者的營養補給品。

結語

第一次讀卡內基的書，是在我二十幾歲的時候。

在那之前，我完全沒有聽過卡內基的名號，雖說他是自我啓發書的作者，但我連「自我啓發」是什麼意思都不知道。

我在新宿的書店裡，隨手拿起他的書就讀了起來，完全不清楚那本書的價值。

那一次就是我讀卡內基著作的契機，我完全沉醉在他的思考方式，並且深受他的影響。

跟我相比，將這本書拿在手上的各位，或許對卡內基更感興趣。

如果你們讀了這本書之後，覺得「想要更加了解卡內基」，請務必試著讀一讀卡內基的原文書籍。

卡內基書寫的英文相當簡單。透過閱讀卡內基本人的語言，一定能更深刻理解他的想法。

當然，本書做為一本入門書，若能成為各位今後學習的閱讀指南，我會感到相當榮幸。

荒木創造

ideaman 119

一看就懂！圖解1小時讀懂卡內基

原著書名——図解　カーネギー早わかり
原出版社——KADOKAWA
作者——荒木創造
譯者——吳亭儀
企劃選書——劉枚瑛
責任編輯——劉枚瑛

版權——黃淑敏、翁靜如、邱珮芸
行銷業務——莊英傑、黃崇華、張媖茜
總編輯——何宜珍
總經理——彭之琬
事業群總經理——黃淑貞
發行人——何飛鵬
法律顧問——元禾法律事務所 王子文律師

出版——商周出版
台北市104中山區民生東路二段141號9樓
電話：(02) 2500-7008　傳真：(02) 2500-7759
E-mail：bwp.service@cite.com.tw
Blog：http://bwp25007008.pixnet.net./blog
發行——英屬蓋曼群島商家庭傳媒股份有限公司城邦分公司
台北市104中山區民生東路二段141號2樓
書虫客服專線：(02)2500-7718、(02) 2500-7719
服務時間：週一至週五上午09:30-12:00；下午13:30-17:00
24小時傳真專線：(02) 2500-1990；(02) 2500-1991
劃撥帳號：19863813　戶名：書虫股份有限公司
讀者服務信箱：service@readingclub.com.tw
城邦讀書花園：www.cite.com.tw
香港發行所——城邦(香港)出版集團有限公司
香港灣仔駱克道193號超商業中心1樓
電話：(852) 25086231傳真：(852) 25789337
E-mailL：hkcite@biznetvigator.com
馬新發行所——城邦(馬新)出版集團【Cité (M) Sdn. Bhd】
41, Jalan Radin Anum, Bandar Baru Sri Petaling,
57000 Kuala Lumpur, Malaysia.
電話：(603)90578822　傳真：(603)90576622
E-mail：cite@cite.com.my

美術設計——copy
封面繪圖——袁燕華
印刷——卡樂彩色製版有限公司
經銷商——聯合發行股份有限公司 電話：(02)2917-8022　傳真：(02)2911-0053

2020年（民109）7月2日初版
2024年（民113）1月9日初版3刷
定價 350元　Printed in Taiwan　　城邦讀書花園 www.cite.com.tw
ISBN 978-986-477-840-9

國家圖書館出版品預行編目(CIP)資料

一看就懂！圖解1小時讀懂卡內基　/ 荒木創造著；吳亭儀譯.
-- 初版. -- 臺北市：商周出版：家庭傳媒城邦分公司, 民109.07　208面；14.8×21公分. -- (ideaman；119)
譯自：図解カーネギー早わかり　ISBN 978-986-477-840-9 (平裝)
1. 卡內基(Carnegie, Dale, 1888-1955)　2 .職場成功法　494.35　109005892

廣 告 回 函
北區郵政管理登記證
台北廣字第000791號
郵資已付，免貼郵票

104台北市民生東路二段 141 號 B1

英屬蓋曼群島商家庭傳媒股份有限公司

城邦分公司

請沿虛線對摺，謝謝！

書號： BI7119	**書名：** 一看就懂！圖解1小時讀懂卡內基	**編碼：**

請於此處用膠水黏貼

商周出版

讀者回函卡

謝謝您購買我們出版的書籍！請費心填寫此回函卡，我們將不定期寄上城邦集團最新的出版訊息。

姓名：＿＿＿＿＿＿＿＿＿＿＿＿＿＿＿＿ 性別：□男 □女

生日：西元＿＿＿＿＿＿年＿＿＿＿＿＿月＿＿＿＿＿＿日

地址：＿＿＿＿＿＿＿＿＿＿＿＿＿＿＿＿＿＿＿＿＿＿＿＿

聯絡電話：＿＿＿＿＿＿＿＿＿＿＿ 傳真：＿＿＿＿＿＿＿＿＿＿＿

E-mail：＿＿＿＿＿＿＿＿＿＿＿＿＿＿＿＿＿＿＿＿＿＿＿

學歷：□1.小學 □2.國中 □3.高中 □4.大專 □5.研究所以上

職業：□1.學生 □2.軍公教 □3.服務 □4.金融 □5.製造 □6.資訊

□7.傳播 □8.自由業 □9.農漁牧 □10.家管 □11.退休

□12.其他＿＿＿＿＿＿＿＿＿＿＿＿＿＿＿＿＿＿＿＿

您從何種方式得知本書消息？

□1.書店 □2.網路 □3.報紙 □4.雜誌 □5.廣播 □6.電視

□7.親友推薦 □8.其他＿＿＿＿＿＿＿＿＿＿＿＿＿＿＿

您通常以何種方式購書？

□1.書店 □2.網路 □3.傳真訂購 □4.郵局劃撥 □5.其他＿＿＿＿

您喜歡閱讀哪些類別的書籍？

□1.財經商業 □2.自然科學 □3.歷史 □4.法律 □5.文學

□6.休閒旅遊 □7.小說 □8.人物傳記 □9.生活、勵志 □10.其他

對我們的建議：＿＿＿＿＿＿＿＿＿＿＿＿＿＿＿＿＿＿＿＿＿

＿＿＿＿＿＿＿＿＿＿＿＿＿＿＿＿＿＿＿＿＿

＿＿＿＿＿＿＿＿＿＿＿＿＿＿＿＿＿＿＿＿＿

＿＿＿＿＿＿＿＿＿＿＿＿＿＿＿＿＿＿＿＿＿

＿＿＿＿＿＿＿＿＿＿＿＿＿＿＿＿＿＿＿＿＿

請於此處用膠水黏貼